AF829710

Ueber

den Werth und die Resultate der verschiedenen
Entfettungsmethoden.

Von

Sanitätsrath **Dr. Jacques Mayer,**
pract. Arzt in Karlsbad.

Separat-Abdruck der Verhandlungen des Vereins für innere Medicin in Berlin aus der Deutschen medicinischen Wochenschrift 1886. No. 10, 11 und 12.

Berlin.
Druck und Verlag von Georg Reimer.
1886.

Meine Herren! Im Einverständniss mit unserem verehrten Vorsitzenden, Herrn Geheimrath Leyden, und auf dessen Anregung habe ich bereitwillig die Bearbeitung der von ihnen gestellten, so practischen und gegenwärtig so modernen Frage: „Welcher Standpunkt ergiebt sich für den Practiker aus den bisher gewonnenen Erfahrungen über den Werth und die Resultate der verschiedenen Entfettungsmethoden?" übernommen.

Ich erlaube mir im Vertrauen auf Ihre gütige Nachsicht mein Referat Ihnen vorzutragen.

Es ist zwar nicht lange her, dass die Frage der Fettbildung und der Fettzersetzung in diesem Vereine einer kurzen Besprechung unterzogen wurde, dass die Behandlung der Fettleibigkeit auf dem Congress für innere Medicin Gegenstand einer ausführlichen Erörterung gewesen ist; nichts destoweniger glaube ich annehmen zu dürfen, dass die Berechtigung der erneuten Fragestellung nicht bezweifelt werden kann.

Handelt es sich doch um eine Krankheit, über deren Entwicklung eine einheitliche Auffassung noch immer nicht erzielt ist, um Behandlungsmethoden, über deren physiologische Bedeutung die Urtheile noch weit auseinander gehen, gegen deren Wirksamkeit die mannigfachsten Bedenken geäussert werden.

Die Anforderung an den practischen Arzt, sich in seinem Handeln von wissenschaftlichen Grundsätzen leiten zu lassen, ist gewiss vollkommen berechtigt, aber in Fragen, wo die Wissenschaft ihr letztes Wort noch nicht zu sprechen vermag, da muss die Beobachtung am Kranken, da muss die Erfahrung in erhöhtem Maasse unser Berather sein.

Ich wage den Versuch, eine so schwierige Frage vor Ihnen zu beantworten, weil ich während meiner langjährigen Thätigkeit in Karlsbad Gelegenheit hatte, mir über den Werth der verschiedenen Methoden durch eigene Beobachtungen ein Urtheil zu bilden, und weil ich durch einige Arbeiten, die ich im Laboratorium des Herrn Geheimrath Leyden ausgeführt habe, seiner Zeit bestrebt gewesen bin, der Erkenntniss der auch hier in Betracht kommenden Frage näher zu rücken.

Uebrigens bedarf es für Sie nur einer Reihe von Anknüpfungspunkten, um in der Discussion zur Mittheilung Ihrer gesammelten Erfahrungen, Ihrer gewonnenen Anschauungen über die Zweckmässigkeiten und Unzweckmässigkeiten der einzelnen Entfettungskuren angeregt zu werden. Dass wir dabei die einschlägigen theoretischen Gesichtspunkte, welche geeignet sind, auf unsere Auffassung über die therapeutische Bedeutung und Wirksamkeit der Heilmittel einen bestimmenden Einfluss zu üben, nicht ausser Acht lassen dürfen, betrachten Sie wohl mit mir als selbstverständlich.

Scharfe Grenzen zwischen physiologischem und pathologischem Fettansatz lassen sich zwar schwer ziehen. Wir sind nicht im Stande, das gesunde Embonpoint von dem Anfangsstadium der Fettsucht zu unterscheiden. Wir haben auch keine Anhaltspunkte dafür, dass die Pathogenese dieser Krankheit durch andere Ernährungsgesetze bestimmt wird, als die Grösse des physiologischen Fettansatzes.

Wollen wir nun die Fettleibigkeit bekämpfen oder derselben prophylactisch vorbeugen, so müssen wir zunächst die physiologischen Factoren und Bedingungen kennen, durch welche Fett gebildet und Fett zersetzt wird.

Herr Kossel hat Ihnen diese Frage im vorigen Jahre kurz aber in sehr durchsichtiger Art vorgetragen. Gestatten Sie mir, dass ich

Ihnen die wesentlichsten Punkte seiner Ausführungen in Erinnerung rufe.

Die Ansichten über den Ursprung des Körperfettes haben im Laufe der Zeit gewechselt. Während früher namhafte französische Forscher wie Dumas, Boussingault, Payen und Andere dasselbe ganz und gar aus dem Fett ableiteten, bezweifelte man später, ob überhaupt aus Nahrungsfett Körperfett gebildet werden kann.

Der Ansatz von Fett im Körper aus Nahrungsfett ist durch die Fütterungsversuche von F. Hofmann und von Lebedeff mit Sicherheit erwiesen.

Ebenso erwiesen ist die Entstehung von Fett aus Eiweiss im Thierkörper durch die Versuche von Voit und Pettenkofer, von Szubotin und Kemmerich und schliesslich von Hofmann.

Dass auch aus Kohlehydraten Fettansatz stattfindet, lehrt die tägliche Erfahrung bei Herbivoren. Durch Fütterungsversuche mit wenig Eiweiss und viel Kohlehydraten konnte jedoch auch für Fleischfresser mit Zuhülfenahme der Thatsache, dass aus 1 g Eiweiss höchstens $^1/_2$ g Fett gebildet werden kann, der Nachweis für die Bildung von Fett aus Kohlehydraten erbracht werden.

Was den Modus anbelangt, nach welchem die Bildung des Fettes aus dem Eiweiss und den Kohlehydraten stattfindet, so haben zwar die Versuche von Im. Munk und die Beobachtungen von Ewald mit Sicherheit ergeben, dass im Thierkörper die Bildung von Fett aus seinen Bestandtheilen, aus Fettsäuren und Glycerin, vor sich geht, es ist jedoch noch nicht gelungen, die höheren Fettsäuren aus Eiweiss künstlich zu bilden.

Herr Kossel hebt ganz besonders hervor, dass eine Zersetzung von Eiweiss unter Abspaltung von Fett, wie dies von vielen Physiologen angenommen wird, vom chemischen Standpunkte unmöglich ist, und können es nur uns unbekannte synthetische Processe sein, durch welche aus Eiweiss Fett entsteht.

Viel klarer ist der Weg für die Bildung höherer Fettsäuren aus Kohlehydraten.

Aus Kohlehydraten können mittelst Alkalien durch die Zersetzung Milchsäure und aus dieser höhere Fettsäuren gebildet werden.

Von grosser Bedeutung für die Lehre der Fettbildung ist das von Rubner gefundene Gesetz, wonach bestimmte Quantitäten verschiedener organischer Nahrungsstoffe isodynam sind. Es können sich 100 g Fett, 211 g Eiweiss und 232 g Kohlehydrate vertreten, sie sind in Beziehung auf den Fettansatz gleichwerthig.

Es fragt sich nun, m. H., sind wir auf Grund der gewonnenen Einsicht in die Bedingungen der Fettbildung im Stande, den Fettleibigen mit Erfolg zu behandeln? Herr Kossel hat diese Frage mit Recht verneint. Er weist auf eine Summe von Factoren hin, die einen mächtigen Einfluss auf die Entwicklung der Fettleibigkeit und auf den Fettschwund haben können, über die jedoch die theoretische Wissenschaft keinen Aufschluss zu geben vermag.

In der That genügt nicht die Kenntniss der Ernährungsgesetze, welche den Fettansatz und den Fettschwund regeln, wir müssen auch mit der Aetiologie und der Pathologie der Obesitas vollständig vertraut sein. — Nur dann werden wir alle jene Angriffspunkte kennen, nach welchen unser practisches Handeln einzurichten ist.

Abgesehen von der Ernährung und von allen äusseren Einflüssen müssen wir für eine grosse Zahl der Fälle eine ausgesprochene Disposition zur Obesitas annehmen; denn wir sehen unter den nämlichen Ernährungs- und Lebensverhältnissen viele fett werden, andere mager bleiben. — Eines der häufigsten prädisponirenden Momente ist die Heredität. Die Anlage zur Fettleibigkeit ist ererbt, sie ist angeboren und macht sich zuweilen schon im ersten Lebensjahre geltend. Nach Immermann soll sie sich zumeist nach dem 40. Lebensjahre zeigen; sie entwickelt sich jedoch auch öfter im späteren Kindesalter. Der Prophylaxis muss in einem solchen Falle gewiss eine wichtige Rolle zugesprochen werden.

Abgesehen von dieser ererbten Disposition nehmen wir auch eine individuelle Disposition zur Fettleibigkeit an. Frauen disponiren erfahrungsgemäss mehr dazu, als Männer. Sie führen ein verhältnissmässig ruhigeres Leben und sind auch blutärmer als dieselben. Ein ferneres disponirendes Moment ist das Temperament. Auch der Einfluss des Nervensystems auf die Fettbildung darf nicht unterschätzt werden, denn es lässt sich wohl denken, dass durch dasselbe eine perverse Richtung der Zellthätigkeit in Bezug auf die Fettzersetzung begünstigt werden kann. Störungen der Genitalfunctionen sollen gleichfalls zur Adiposität führen; zahlreiche Beobachtungen bestätigen den Einfluss des Geschlechtslebens der Frauen auf pathologischen

Fettansatz: Störungen der Menstruation, Sterilität und nach Beneke auch Uterus- und Ovarialleiden begünstigen denselben.

Die Anämie und Chlorose gelten mit Recht als wesentliche ursächliche Momente dieser Krankheit.

Erwähnen möchte ich noch das Klima, welches von mancher Seite in den Kreis der disponirenden Ursachen eingezogen wird.

Wie erklären sich nun die ererbten und individuellen Anlagen?

Während Ebstein die individuellen und ererbten Dispositionen zugiebt, neigt er dennoch der Ansicht zu, dass es sich auch hier um eine Fettleibigkeit handelt, die auf einer absolut oder relativ zu reichlichen Nahrungsaufnahme beruht. Wenn dies auch für einzelne Fälle zutreffen mag, so muss dagegen an die unbestreitbare Thatsache erinnert werden, dass eine ausgesprochene Anlage in manchen Familien existirt, wo die Fettbildung mit einer Energie vor sich geht, dass selbst bei geringer Nahrungszufuhr der Fettbestand des Körpers sich erhält.

„Es giebt Patienten", sagt F. A. Hoffmann in seinen vortrefflichen Vorlesungen über allgemeine Therapie, „welche schwer krank sind, kachectisch werden, sterben, und doch behalten sie ihren starken Panniculus adiposus."

Nach Cohnheim handelt es sich bei einer derartigen Disposition um eine abnorm geringe Fettverbrennung, bedingt entweder durch einen zu geringen Hämoglobingehalt der Blutkörperchen und deshalb verminderte Fähigkeit der Sauerstoffbildung, oder um eine mangelhafte Energie der Gewebszellen in Bezug auf die oxydativen Processe. Er neigt sich jedoch dem Standpunkte Voit's und anderer Forscher zu, indem er das Letztere für wahrscheinlicher hält.

Auf die lipogene Bedeutung der übermässigen Nahrungszufuhr, des reichen Genusses von Alkoholicis, der unzureichenden körperlichen Bewegung, des abnorm verlängerten Schlafes brauche ich nicht näher einzugehen; sie ist Ihnen Allen bekannt. Die häufigen Folgezustände der Fettsucht, wie Dyspepsie, Magen- und Darmkatarrh, Leberhyperämie, Fettleber, Concrementbildung, Herz-, Lungen- und Nierenkrankheiten, ihre Complicationen mit Diabetes und Gicht möchte ich nur andeutungsweise erwähnen. Ich muss es mir auch versagen, auf die interessanten Ergebnisse der im Kreise dieser Gesellschaft seiner Zeit geführten Discussion, sowie auf die bedeutsamen Verhandlungen des Congresses in Wiesbaden über den hier in Frage kommenden Gegenstand einzugehen. Ich werde Gelegenheit haben, auf dieselben öfter zurückzukommen. —

Wenn wir, m. H., den Werth der verschiedenen Entfettungsmethoden prüfen wollen, genügt es nicht, die Componenten derselben ausschliesslich nach ihrer fettzersetzenden Fähigkeit zu beurtheilen, sondern auch nach der Wirksamkeit auf den in mancher Beziehung so leicht zu gefährdenden Gesammtzustand des Organismus. Und daraus ergiebt sich auch die Nothwendigkeit strenger Individualisirung. Die plethorische und die anämische Fettsucht bieten gewiss nicht ganz gleiche Angriffspunkte.

Es ist von wesentlicher Bedeutung für die Behandlung, ob es sich um eine hereditäre, congenitale oder angemästete Fettsucht handelt; ob sich dieselbe rasch oder langsam entwickelt, ob sie in der Jugend oder im späteren Alter auftritt. Es scheint mir überhaupt fraglich, ob wir für den concreten Fall immer mit einer der zu erörternden Methoden zurecht kommen, oder ob es nicht vielmehr zuweilen vorzuziehen ist, bei demselben Individuum mit den Methoden abzuwechseln.

Die Zahl dieser Entfettungsmethoden ist, wie Ihnen bekannt, verhältnissmässig gross. Was die namentlich in früheren Jahrhunderten so häufig geübte Methode der Blutentziehung und die der Hungerkuren betrifft, so ist selbst für die Fälle der plethorischen Fettsucht ihre deletäre Wirkung so durchsichtig, dass wir von denselben füglich absehen können. Die Verwerflichkeit der Essigkuren hat uns schon Brillat-Savarin in seinem interessanten Buche: „Ueber Physiologie des Geschmackes“

illustrirt. Auch der von Chambers bei Beginn der Behandlung gepriesene Liquor potassae tritt mehr und mehr in den Hintergrund.

Die drastischen Abführmittel werden jetzt noch von Einzelnen angewandt, doch können dieselben, namentlich bei der anämischen Fettsucht, wegen ihrer einseitig excessiven Wirkung und der damit verbundenen Nachtheile für den Organismus nicht ernstlich in Betracht kommen.

Mehr gebräuchlich und weniger irrationell ist die Jodbehandlung. Das Jodkalium und vorzugsweise das Jodeisen wird in nicht wenigen Fällen der anämischen Fettleibigkeit gute Dienste leisten, vorausgesetzt, dass es in mässigen Dosen gebraucht wird, die die Verdauung nicht beeinträchtigen. Von einer Combination dieses Mittels mit der Karlsbader Kur habe ich einen günstigen Einfluss auf die Entfettung einzelner Patienten zu beobachten Gelegenheit gehabt. Auch die Erfahrungen von Duparc sprechen für dasselbe.

G. Sée in Paris schreibt demselben gleichfalls einen fettzersetzenden Einfluss zu, doch nur bei lange fortgesetzten grossen Dosen, welche wieder den Nachtheil haben, Jodismus und schwere Dyspepsien herbeizuführen.

Zu erwähnen wäre ferner noch die von Tarnier, Karell, Schindler u. A. empfohlene exclusive Milchdiät. Tarnier empfiehlt eine allmähliche Steigerung bis zu vier Quart süsser abgerahmter Milch. Doch dürfte schon wegen des grossen Widerwillens, den viele Patienten gegen Milch haben, und wegen der unzureichenden Ernährung durch dieselbe ihre Anwendung kaum gerechtfertigt erscheinen. Von denjenigen Methoden, die gegenwärtig in der Behandlung der Fettleibigkeit die hervorragendste Rolle spielen, sind vier zu nennen:

I. die Methode nach Harvey-Banting,

II. die Ebstein'sche Methode,

III. die Dancel-Oertel'sche Methode,

IV. die Mineralwasserkuren.

Die Bantingkur beruht auf demjenigen Princip, nach welchem vorerst Léon in Frankreich und Chambers in London und dann Harvey seinen Patienten Banting behandelte. Die Nahrung bestand vorwaltend aus Eiweissstoffen.

Banting, der seine Fettleibigkeit allmählich acquirirte, hatte, als er im Alter von 66 Jahren die Kur begann, bei einer Grösse von $165^1/_2$ Centimeter ein Körpergewicht von 183 Zollpfund und verlor in dreiviertel Jahren 32 Pfund. Seine Nahrung bestand pro Tag aus 171 g Eiweiss, 8 g Fett und 75 g Kohlehydraten. Der Wassergenuss war ihm schrankenlos gestattet.

Bei dieser Ernährungsweise musste nothwendig Körperfett zum Schwinden kommen. Banting hat zwar grosse Mengen Eiweiss genossen, aber doch nicht soviel, um daraus Fett anzusetzen; Fette und Kohlehydrate waren andrerseits in der Nahrung so mangelhaft vertreten, dass Körperfett zersetzt werden musste.

Diese Methode hat, wie Ihnen bekannt, zahllose Anhänger gefunden, geeignete und ungeeignete Fälle haben sich ihrer bedient; die Methode ist zur Schablone geworden, und die nachtheiligen Folgen konnten nicht ausbleiben. Viele Patienten sind bei dieser exclusiven Ernährungsweise nach zu langem Gebrauch schwach und elend geworden, bei andern stellten sich Widerwillen und Verdauungsstörungen ein, und die Kur musste aufgegeben werden. Nichtsdestoweniger ist diese Methode in der ärztlichen Praxis noch immer sehr verbreitet. Es erklärt sich dies dadurch, dass eine verschiedene Toleranz des Organismus gegen reichliche Eiweisszufuhr beobachtet wird.

Mit der physiologischen Erfahrung, dass, je mehr Eiweiss wir dem Körper zuführen, umsomehr davon zersetzt wird, und dass bei allmählichem Fettschwund in Folge der fortdauernden reichlichen Eiweissaufnahme Organeiweiss angegriffen wird, steht diese Beobachtung nicht in Widerspruch. Diejenigen Organe, deren Thätigkeit bei einem gesteigerten Eiweissconsum besonders in Anspruch genommen wird: Magen, Leber, Herz und Nieren, können eben in ihrer Leistungsfähigkeit verschieden geartet sein, und daraus lässt sich erklären, dass das im Beginne der Bantingkur beobachtete erhöhte Kraftgefühl, die gesteigerte Energie bei dem Einen lange vorhält, bei dem Andern sehr bald durch Schwäche und Hinfälligkeit abgelöst wird.

Ich habe in dieser Beziehung sowohl bei der einfachen, uncomplicirten als mit Diabetes complicirten Fettleibigkeit einige interessante Beobachtungen gemacht.

Während die meisten meiner Patienten, denen ich eine strenge Bantingdiät für einige Zeit zu verordnen Veranlassung hatte, dieselbe sehr gut vertrugen, wurden andere nach wenigen Tagen erregt, schlaflos und klagten zuweilen über Kopfschmerz. Immermann empfiehlt wegen ähnlicher Erfahrungen die sogenannte saccardirte Bantingkur. Er räth, dieselbe, sobald sich Uebelstände einstellen, absatzweise gebrauchen zu lassen. Den wärmsten Vertreter hat diese Methode in Cantani. Dieser geht weiter als Harvey und gestattet nur in dringenden Fällen etwas Kohlehydrate, und Unna, der auf dem Wiesbadener Congress in verdienstlicher Weise den Mechanismus und Chemismus der Entstehung der einzelnen Fettlager beleuchtete, urgirt im Hinblick auf den ungleichmässigen Fettschwund in den verschiedenen Körpertheilen die Anwendung der Bantingkur, wenn nach dem vorhergegangenen Ebstein'schen Verfahren das Gekrösefett, also der Fettbauch noch zurückbleibt. Meiner Ansicht nach kann der Practiker auf die Anwendung dieser Methode nicht in allen Fällen verzichten. Sie besteht mindestens zu Recht im Beginne der Behandlung solcher vorgeschrittener Fälle, wo die rasche Entfettung als dringend erscheint. Wie lange sie im concreten Falle andauern darf, wann sie eventuell durch eine andere Methode ersetzt werden muss, soll und kann die Einsicht des Arztes entscheiden. Dies scheint ja auch der Standpunkt Voit's zu sein, wenn er sagt, dass man im Laufe der Kur die Diät ändern muss, weil der Körper absolut und relativ reicher an Eiweiss und ärmer an Fett wird.

Wegen der bei der erwähnten Methode zu Tage getretenen Uebelstände hat nun Ebstein ein Verfahren angegeben, bei welchem den Fettleibigen reichliche Mengen Fett zugeführt und Kohlehydrate möglichst beschränkt werden.

Die Grundsätze seiner Methode sind von ihm in einer Schrift, betitelt „die Fettleibigkeit und ihre Behandlung, nach physiologischen Grundsätzen“ niedergelegt und auf dem Congress für innere Medicin vertreten worden.

Von der Voraussetzung ausgehend, dass das Körperfett durch zu reichliche Nahrungszufuhr angemästet wird, will er in erster Reihe die Nahrungsmittel reduciren. Dabei sollen Inanitionszustände vermieden werden, der Eiweissbestand unversehrt bleiben. Ferner soll der Fettleibige sein überflüssiges Fett nur sehr allmählich verlieren und ihm ermöglicht werden, das Regimen für seine ganze weitere Lebenszeit beizubehalten. Indem Ebstein Butter, fette Fleischspeisen, Nierenfett, Knochenmark in der Fleischbrühe, fette Saucen, mit Butter gekochte Gemüse verordnet, schränkt er die Kohlehydrate auf eine sehr geringe Menge, ad maximum 80—100 g Brot ein; Zucker, Mehlspeisen, Kartoffeln verbietet er. Durch die Aufnahme von Fett soll das Hungergefühl beschränkt werden, nicht etwa dadurch, dass es die Magenverdauung schädigt, sondern dass es den Eiweisszerfall einschränkt, und sich deshalb weniger schnell und weniger dringend das Gefühl nach Wiederersatz des Verbrauchten bemerklich macht. Mit dem verringerten Eiweissumsatz vermindert sich auch die Menge der stickstoffhaltigen Zersetzungsproducte, für deren Ausschwemmung eine geringere Getränkezufuhr nöthig ist, so dass auf diese Weise nicht nur der Hunger, sondern auch der Durst beschränkt wird. Ebstein taxirt das seinen Patienten empfohlene Fettquantum auf 60—100 g im Mittel. Von Alcoholicis gestattet er 2—3 Glas leichten Weines, Bier verbietet er, erlaubt aber reichlichen Theegenuss ohne Milch, 3 grosse Tassen (250 g) pro Tag. Auch die Fleischquantitäten reducirt Ebstein und zwar nach seiner eigenen Angabe auf die Hälfte oder drei Fünftel des bei der Bantingkur verlangten Fleischquantums.

Vergleicht man nun die Nahrungsstoffe, die Ebstein seinen Kranken zubilligt, mit dem Banting'schen Kostmaass, so ergeben sich nach Ebstein im Mittel 102 g Eiweiss, 85 g Fett und 47 g Kohlehydrate, gegen 172 g Eiweiss, 8 g Fett und 81 g Kohlehydrate, die Banting täglich zu sich genommen hat, und gegen 127 g Eiweiss, 89 g Fett und 362 g Kohlehydrate, mit welchen ein wohlhabender Mann auf seinem stofflichen Bestande sich zu erhalten vermochte.

Die Bevorzugung des Fettes vor den Kohlehydraten begründet Ebstein damit, dass, während die Kohlehydrate bei ihrer Verbrennung einen Theil des zerfallenen Eiweisses vor vollständiger Zerstörung schützen und daher den Fettansatz indirect befördern, begünstigen die Fette, welche weit schwerer als die Kohlehydrate verbrennen, die Abspaltung des Fettes aus dem Eiweiss fast gar nicht; denn das Eiweiss, welches beim gleichzeitigen Genusse von entsprechenden Fettmengen zerstört wird, zerfällt vollständig, ohne Fett zu hinterlassen. Gegen das Ebstein'sche Verfahren, vornehmlich aber gegen dessen wissenschaftliche Begründung, hat Voit, wie Ihnen bekannt ist, einzelne Einwände erhoben.

Die Annahme Ebstein's, dass im normalen und gesunden Zustand aus dem Nahrungsfett kein Fett im Körper angesetzt werde, dass der an einem abgemagerten Thiere von F. Hofmann ausgeführte Versuch nicht beweiskräftig wäre, soll nach Voit nicht den thatsächlichen Verhältnissen entsprechen, da er, Voit und Pettenkofer, durch Respirationsversuche für viele Fälle erwiesen haben, dass auch bei gutgenährten Thieren das Nahrungsfett aufgespeichert werden kann. Ferner hält es Voit nur für eine nicht erwiesene und nicht wahrscheinliche Hypothese, wenn Ebstein annimmt, dass das Nahrungsfett die Abspaltung von Fett aus Eiweiss verhindert und dass das Eiweiss dabei vollständig, ohne Fett zu hinterlassen, verbrenne. Insofern es sich aber bei der Entfettung im Wesentlichen um eine Verminderung der stickstofffreien Nahrung handelt, sei der Ebstein'schen Diät der Erfolg nicht abzusprechen. Man kann zwar, meint er, mit den Eiweissstoffen sowohl die Fette als die Kohlehydrate geben, da aber von den Kohlehydraten 2,3 mal soviel wie von dem Fett dem Körper zugemuthet werden kann, ohne Fettansatz befürchten zu müssen, so würde er die Kohlehydrate vorwalten lassen. Auch hält er es für besser, den Fettleibigen mit der stickstofffreien Nahrung grössere Mengen Eiweiss zu geben, als dies Ebstein thut, weil dadurch unter dem Einflusse des Körperfettes Eiweiss zur Ablagerung gelangt, und Fettabgabe vom Körper bewirkt wird.

Auch J. Demuth und Oertel bekämpfen die theoretischen Voraussetzungen Ebstein's vom Voit'schen Standpunkte aus. Oertel schlägt vor, nach den Angaben Voit's, das Minimum von 156 g Eiweiss, 22 g Fett, 71 g Kohlehydrate, das Maximum von 170 g Eiweiss, 43 g Fett, 114 g Kohlehydrate als Grundlage anzunehmen.

Henneberg konnte allerdings, wie er dies auf dem Congress hervorgehoben hat, bei Fütterungsversuchen an Hammeln sich überzeugen, dass diejenigen Thiere, welchen er Zucker zur Nahrung zusetzte, mehr an Körpergewicht zunahmen, als diejenigen, welche anstatt des Zuckers eine äquivalente Fettmenge erhielten. Danach hätten also Fette eine geringere Wirkung auf den Mastfortschritt als Zucker. Jedoch räumt Henneberg ein, dass diese Frage noch nicht als abgeschlossen betrachtet werden kann, da Versuche von Voit und Pettenkofer bei Fleischfressern ein anderes Verhältniss ergeben haben.

Bauer sieht den Haupteffect der Ebstein'schen Methode nicht in der reichlichen Fettzufuhr, sondern in der Einschränkung der Kohlehydrate.

Unna spricht sich in sehr anerkennender Weise über die Ebstein'sche Methode aus, er rühmt derselben eine Reihe schöner, practischer Erfolge nach, anerkennt aber auch die vielfach erprobte Thatsache, dass der Körper auf verschiedene Weise rationell und mit Glück entfettet werden kann.

Einen ähnlichen Standpunkt nimmt Leube ein. Er rechnet es Ebstein als Verdienst an, gezeigt zu haben, dass ein relativ reichlicher Zusatz von Fett Entfettung bewirken könne, und empfiehlt in Fällen, wo es die Individualität und Leistungsfähigkeit des Magens erlaubt, zunächst mit der Ebstein'schen Kur die Therapie der Korpulenz zu beginnen. Auch er hebt die Nothwendigkeit hervor, sich nicht immer an eine bestimmte Methode zu halten. Es müssen unter

Umständen mehr Kohlehydrate statt Fett und reichlich Eiweiss gegeben werden.

Kisch kann vom Standpunkt der Voit'schen Stoffwechseluntersuchungen und auf Grund seiner reichen Erfahrungen die Ebstein-sche Methode nicht billigen und gestattet nach wie vor nur äusserst geringe Fettmengen bei ziemlich reichlicher Eiweiss- und geringer Zufuhr von Kohlehydraten.

G. M. Sée dagegen, der in einer grösseren Abhandlung über Fettleibigkeit auch die Ebstein'sche Methode erörtert, hält dieselbe für zweckmässig; doch fügt er in die Ebstein'sche Diätordnung noch Leimstoffe und Peptone ein, ohne die Flüssigkeitszufuhr zu beschränken. In sechs Fällen, die er auf diese Weise behandelt hat, konnte er einen günstigen Erfolg constatiren.

Sie können nun, meine Herren, aus diesen Angaben entnehmen, dass die Ansichten über den Werth dieser Methode nicht unwesentlich auseinandergehen. Was meine Auffassung betrifft, so anerkenne auch ich, dass die Aufnahme von Fett in das Regimen der Fettleibigen als eine nützliche Bereicherung für die Therapie derselben anzusehen ist, ich glaube jedoch nicht, dass wir jetzt schon in der Lage sind, über die Richtigkeit der wissenschaftlichen Begründung dieser Methode ein abschliessendes Urtheil zu geben. Es scheint mir vielmehr die Nothwendigkeit vorzuliegen, dass über einzelne streitige Punkte noch experimentelle Untersuchungen angestellt werden.

Viel klarer liegt die Sache in practischer Beziehung. Denn hier hat die Erfahrung zu sprechen, hier kann man sich nicht an die von den Forschern aufgestellten und aus Verhältnissen eines gesunden Organismus abgeleiteten Diät-Tabellen halten.

Die verhältnissmässig geringe Eiweisszufuhr, wie sie Ebstein zubilligt, dürfte bei anämischen Fettleibigen zum Eiweisshunger führen. Bei solchen Fällen müssen wir Alles aufbieten, um soviel wie möglich Eiweiss zum Ansatz zu bringen.

Auch die fettreiche Nahrung dürfte vom Gesichtspunkte eines

erhöhten Hungergefühls nicht allgemeine Anwendung finden. Ich habe eine grosse Reihe von Fällen beobachtet, die an dem Gegentheil von Polyphagie litten. Dieselben machten sich auch nicht gerade zu wenig Bewegung, aber sie hatten dennoch sehr geringen Appetit, ohne irgend ein anderes hervorstechendes Symptom einer Magenkrankheit zu zeigen. Fette Saucen, fette Fleischspeisen, Knochenmark wären hier am wenigsten angebracht. Auch habe ich mich niemals überzeugen können, dass Dyspepsieen, wie von Ebstein berichtet wird, durch reichlichen Fettgenuss in den Speisen eher besser als schlechter würden. Ich habe sehr häufig das Gegentheil gefunden.

Ebstein rühmt ferner seiner Methode nach, dass sie von denjenigen Personen, welche eine Disposition zur Fettleibigkeit haben, mutatis mutandis, aber ohne wesentliche Aenderung, für die Lebenszeit eingehalten werden kann. Ich kann dem hochgeschätzten Autor auch in diesem Punkte nicht beistimmen. Seine Methode tis meines Erachtens ohne wesentliche Aenderung für die Dauer der Zeit gar nicht durchführbar.

Der Fettsüchtige ist vielen Wechselfällen ausgesetzt. Bald sind es die Verdauungsorgane, bald die Respirations- und Circulationsorgane, die in Mitleidenschaft gezogen werden. Bedingen, meine Herren, Erkrankungen so wichtiger Lebensorgane nicht oft eine wesentliche Aenderung in den Diätvorschriften?

Aber auch für den günstigen Fall, dass es mit der Ebstein-schen Methode gelungen ist, den fetten Patienten mager zu machen, ohne dass irgend ein Organ in seiner Leistungsfähigkeit Einbusse erlitten hat, glaube ich nicht, dass seine Diät ohne wesentliche Aenderung für's ganze Leben fortgesetzt werden kann. Denn Ebstein verbindet, wie Sie wissen, mit der Zufuhr von Fetten den wesentlichen Zweck, das Hunger- und Durstgefühl bei den Fettleibigen herabzusetzen. Es ist daher die Befürchtung nicht von der Hand zu weisen, dass auch bei den entfetteten Individuen die weitere Darreichung der Fette ohne wesentliche Einschränkung nach dem Hippocratischen Ausspruche: „Die Gerichte sollen fett sein, auf diese Weise wird man sich am leichtesten sättigen“ ihre Schuldigkeit auch für die Folge thun und das Nahrungsbedürfniss künstlich auf ein zu geringes Niveau herabdrücken und Inanition herbeiführen wird.

Die Ebstein'sche Methode hat, meiner Auffassung nach, nichtsdestoweniger für eine Reihe von Fällen ihre Berechtigung. Wo es sich um ein ansehnliches Fettdepôt, verbunden mit einer kräftigen und reichlichen Musculatur handelt, da kann dieselbe von Nutzen sein, aber auch nur in demselben Sinne, wie jede andere, auf eine begrenzte Zeit bemessene Therapie.

Als dritte Entfettungsmethode kennen wir die Dancel-Oertel'sche.

Man muss Ebstein meiner Ansicht nach beistimmen, wenn er für diejenige Entfettungskur, bei welcher die Beschränkung der Flüssigkeitszufuhr in den Vordergrund tritt, Dancel die Priorität wahrt. Wenngleich schon Plinius der Jüngere den Fettleibigen empfohlen hat, während des Essens zu dursten und nachher wenig zu trinken, so hat doch Dancel diese Methode vor ungefähr zwanzig Jahren vielfach geübt und gelehrt. Die tägliche maximale Flüssigkeitszufuhr als Getränk betrug 900—1000 g. Seine Diätvorschriften standen allerdings mit der Stoffwechsellehre der Gegenwart in Widerspruch, aber dessenungeachtet glaube ich nicht, dass ihm die Priorität der auf Wasserentziehung beruhenden Behandlungsmethode streitig gemacht werden kann.

Oertel hat jedoch das Verdienst, mit den Lehren der Ernährungsphysiologie vertraut, diese Methode auf Grund wissenschaftlicher Principien dem allgemeinen Verständniss näher gebracht zu haben. Er geht aber, wie dies Ebstein schon auf dem Congress hervorgehoben hat, in der Härte der Anforderungen weiter als Dancel, indem er die Flüssigkeitsaufnahme bis auf 800 g, ja sogar auf 562 g in 24 Stunden reducirt.

Wie alle Entfettungsmethoden einen complexen Angriff auf den kranken Organismus darstellen, wie die Ebstein'sche Methode, wie die Mineralwasserkuren sich nicht auf streng diätetische Vorschriften beschränken, sondern auch eine Reihe anderer Heilfactoren in Anspruch nehmen, so ist auch das Oertel'sche Verfahren aus mehreren Componenten zusammengesetzt, deren hervorstechendste die Wasserentziehung ist.

Ausgehend von dem Princip des gestörten hydrostatischen Gleichgewichtes in den verschiedenen Röhrensystemen des Kreislaufs, das sich durch die Symptome der mannigfachsten Affectionen im Circulations- und Respirationsapparat manifestirt, fasst Oertel neben einer rationellen Regulirung der Diät die Folgen der Fettansammlung für das Herz, für den Kreislauf und die Beschaffenheit des Blutes in's Auge. Er theilt demnach die Fettleibigen in zwei Kategorien: erstens in solche, wo ein intacter Circulationsapparat oder ausreichende Compensation vorhanden ist, und zweitens in solche, bei denen es bereits zu Fettherz, fettiger Degeneration des Herzmuskels, zu Insufficienz des Herzens, zu Störungen des hydrostatischen Gleichgewichtes, Hydraemie, Hydrops und anderen Folgezuständen gekommen ist.

Für das Fettherz soll in erster Reihe das Princip der Schonung zur Geltung kommen. Indem durch Herabsetzung der Flüssigkeitsmenge im Körper die abnormen Spannungsverhältnisse im venösen und arteriellen Kreislauf ausgeglichen werden, wird auch die Herzarbeit entlastet. Es geschieht dies einerseits durch Beschränkung der Flüssigkeitsaufnahme und andrerseits durch erhöhte Wasserabgabe durch Haut und Lungen mittelst anstrengender Körperbewegung, wie Bergsteigen oder sonstige angestrengte Muskelarbeit, eventuell durch heisse Luftbäder, Dampfbäder. Die angestrengte Muskelarbeit, namentlich das Bergsteigen soll für den insufficienten Herzmuskel, insbesondere, wenn derselbe nach Schwund seines ihn um- und durchwachsenden Fettes in atrophischem Zustande zurückbleibt, eine Art Gymnastik bilden und gleichzeitig auch der Indication der mechanischen Correction der Kreislaufstörungen entsprechen: das aufgestaute venöse Blut wird durch die excessive Thätigkeit der Körpermuskulatur und durch die gesteigerte Herzaspiration in raschere Strömung gebracht, die Stromgeschwindigkeit im Lungenkreislaufe vermehrt, der Abfluss des Blutes zum linken Herzen gefördert und das Aortensystem stärker gefüllt.

Was die Entfettung durch die Diät betrifft, so steht Oertel, wie Ihnen bekannt, auf dem Standpunkte Voit's. Er bekämpft nämlich die von Ebstein vertretene Ansicht, dass bei Darreichung von Fett der Fettansatz im menschlichen Körper zurückgehalten werde, dagegen die Kohlehydrate die Bildung von Fett aus den Zerfallsproducten des Eiweisses befördern, also einen erhöhten Fettansatz herbeiführen. Auch billigt Oertel seinen Kranken mehr Eiweiss zu, als es Ebstein thut. Es werden von ihm auch die Grenzen des Maximum des Kostmaasses angegeben, die sich nach dem Grade der Circulationsstörungen sowie nach der Arbeitsleistung und dem Fortschritt der Entfettung richten werden. Die Verringerung der Wasseraufnahme in Speisen und Getränken, auch in den Fällen von Fettleibigkeit mit normalem Gefässapparat begründet Oertel damit, dass es zur Verdauung so grosser Eiweissmassen, wie sie nach seiner Diätordnung nothwendig sind, der Absonderung eines kräftig wirkenden stickstoffhaltigen Verdauungsfermentes bedarf; daher jede Verdünnung der Fermentlösungen hintanzuhalten sei, und das sei auch der Grund, warum er bei den Mahlzeiten eine volle Enthaltung von Getränken anordnet und letztere erst eine bis anderthalb Stunden nach den Mahlzeiten aufnehmen lässt. Entfettung solcher Fälle soll sogar ohne jede Aenderung der Kost, ohne erhöhte Arbeitsleistung erzielt werden können, wie er dies an zwei Fällen beobachtet hat. Er erklärt dies einerseits mit der durch die Abnahme der Flüssigkeitsmenge eintretenden Beschleunigung der Circulation, andererseits mit der sich ausbildenden Verödung von Gefässbezirken, welche zur Aufhebung der Ernährung des Fettgewebes und zur Resorption seiner Elemente führt.

Die Frage, wie weit die Flüssigkeitsaufnahme in den Körper beschränkt werden darf, ohne nachtheilige Folgen für diesen, beantwortet Oertel dahin, dass das Kriterium hierfür die Beschaffenheit des Harns bei seiner Entleerung ist.

Solange der Harn bei seiner Entleerung noch klar ist, solange die harnsauren Salze erst nach derselben herausfallen, kann die Reduction getrost fortgesetzt werden.

Oertel verzeichnet in seinem Buche eine Reihe von Erfolgen, die nicht angezweifelt werden können. Seine Methode hat denn auch im Publicum sehr bald Anklang und Verbreitung gefunden; aber diese Methode ist beinahe schon zur Mode geworden. Dass es unter solchen Verhältnissen nicht an Uebertreibungen fehlt, hat für uns nichts Ueberraschendes. Man wird unwillkürlich an die Zeiten erinnert, wo die Bantingkur von aller Welt als die allein seligmachende gepriesen wurde. Und dennoch zögere ich nicht zu sagen, dass die Oertel'sche Methode bei den Practikern einen festen Boden bisher nicht gewonnen hat.

Prüfen Sie nun mit mir, meine Herren, auf Grund Ihrer maassgebenden Erfahrungen, kühl und objectiv den Werth dieses Verfahrens.

Ich gestatte mir zunächst einige theoretische Betrachtungen.

Um die Wirkung einer lange andauernden Wasserentziehung auf den Organismus zu beurtheilen, müssen wir uns vergegenwärtigen, welche grosse Rolle dem Wasser im Thierkörper zukommt.

Die Wirbelthiere bestehen, mit Ausnahme der Knochen, über 75 Proc. ihres Gehaltes aus Wasser. Es ist bei allen normalen Lebensprocessen in chemischer Weise betheiligt. Und wenn auch der Wassergehalt des Organismus ohne dauernden Nachtheil in ziemlich weiten Grenzen schwanken kann, so lässt sich doch leicht erklären, dass ein zu Viel oder zu Wenig von demselben von grosser Bedeutung für den Ablauf der chemischen Vorgänge im Körper sein wird.

Welchen Einfluss hat nun eine dauernd vermehrte Wasserzufuhr auf den menschlichen Organismus? A priori neigt man sich der Ansicht zu, dass die Polysarcie sowohl angegessen als angetrunken ist. Auch Ebstein vertritt neuestens diese Ansicht und plädirt für eine Reduction der Flüssigkeitszufuhr, auch des Wassers, wenn auch nicht in so weitgehendem Maasse wie Oertel.

Aber, meine Herren, können wir das Wasser in Bezug auf die fettbildende Eigenschaft in eine Linie stellen mit den Alcoholicis, mit den schweren Weinen, mit reichhaltigem Bier? Das Bier hat Brillat-Savarin schon strengstens untersagt. Das Stärkemehl, betont er, mästet nicht weniger, wenn es durch Flüssigkeiten eingeführt wird, wie durch Bier und ähnliche Getränke. Und was die Alcoholica κατ' ἐξοχήν betrifft, so wirken dieselben auf die Fettbildung doch vornehmlich wegen des deletären Einflusses des Alkohols auf die Zellthätigkeit.

Ich erinnere Sie daran, dass Banting trotz uneingeschränkten Wassergenusses den angestrebten Erfolg seiner Kur erzielt hat, und mir selbst sind verschiedene Personen bekannt, die sich einen enormen Wasserconsum angewöhnt haben und trotzdem, bei einer sonst ziemlich üppigen Lebensweise, nicht fettleibig geworden sind.

Betreffs des Einflusses der reichlichen Wasseraufnahme auf den Fettansatz der Thiere berichtet Henneberg, dass nach den übereinstimmenden Beobachtungen der Landwirthe übermässiger Wassergenuss für die Mästung von Nachtheil ist und sieht er den Effect der vermehrten Wasserzufuhr in der Beförderung des Wärmeverlustes.

In Uebereinstimmung mit dieser Auffassung meint auch Zuntz, dass reichliche Wasserzufuhr bei den Fettleibigen als ein den Fettschwund förderndes Mittel anzusehen ist. Im Anschluss hieran möchte ich erwähnen, dass Seegen bei seinen vor einer langen Reihe von Jahren ausgeführten Versuchen an einem Hunde gefunden hat, dass das ganze Plus des eingeführten Wassers nahezu ganz durch die Blase entfernt wurde. Ferner haben Versuche, die ich selbst seiner Zeit über den Einfluss der vermehrten Wasserzufuhr auf den Stoffumsatz im Thierkörper an einem Hunde im Stickstoffgleichgewicht angestellt habe, ergeben, dass das Plus der Wasserausscheidung das Plus der Wassereinfuhr sogar um ein Geringes übersteigt.

Dass das Blut durch reichliches Wassertrinken auch nicht nachweisbar wasserreicher wird, haben am evidentesten die Versuche von Leichtenstern gezeigt. Bei einer täglichen Wasserzufuhr von sieben Liter konnte derselbe einen verminderten Hämoglobingehalt des Blutes nicht nachweisen. Auf diese Weise wird es auch verständlich, wenn G. Sée trotz der reichlichen Zufuhr von aromatischen Getränken mit der Ebstein'schen Methode gute Erfolge zu verzeichnen hat, wenn unser verehrter Vorsitzender, Herr Leyden, der Flüssigkeitsentziehung, insoweit sie sich auf die therapeutische Anwendung bezieht, eine geringere Bedeutung zuschreibt als dies oft zu geschehen pflegt, wenn er die Bedingungen für den Ausgleich der vermehrten Flüssigkeitsaufnahme in dem dem Organismus innewohnenden Bestreben sucht, eine gleichmässige Concentration des Blutes herbeizuführen. Durch plötzliche beträchtliche Zufuhr von Flüssigkeit wird eben die Stromgeschwindigkeit und die Stromweite vermehrt und die rasche Ausscheidung derselben durch die Secretionsorgane ist die nothwendige Folge.

Zu sehr interessanten Ergebnissen haben auch eine Anzahl von Versuchsreihen geführt, die A. Robin in Paris mit reichlicher und verminderter Getränkezufuhr bei Fettleibigen angestellt hat. Dieselben sind in den letzten Nummern der „Gazette médicale de Paris“ publicirt. Robin erzielte bei allen seinen Versuchspersonen trotz der verschiedenen Wasserzufuhr erheblichen Fettverlust bei gleichen Ernährungsbedingungen. Er versucht diese Thatsache unter Hinweis auf die weiten Grenzen, zwischen denen der Oxydationscoefficient, d. h. das Verhältniss der Harnstoffmenge zu der Gesammtmenge der festen Bestandtheile des Harns bei den Fettleibigen schwankt, dadurch zu erklären, dass, je nachdem der Oxydationscoefficient hoch oder niedrig ist, verminderte, beziehungsweise vermehrte Wasserzufuhr den gewünschten Effect der Entfettung herbeiführt. Inwieweit diese

Erklärung zutreffend ist, möchte ich vorläufig dahingestellt sein lassen. Practisch wichtig für uns ist, dass auch diese Versuche zeigen, dass reichliche Wasserzufuhr den Fettschwund nicht verhindert.

Nicht unerwähnt möchte ich lassen, dass nach den Ausführungen Leichtenstern's durch vermehrte Wasserzufuhr beim Menschen sowohl die sensible als insensible Wasserausscheidung gesteigert wird, dass Bidder und Schmidt, Nasse, Arnold die Gallenabsonderung nach reichlicher Wasserzufuhr vermehrt, die Galle specifisch leichter gefunden haben. Und welche Rolle dem reichlichen Wassergenuss bei der Entfernung von Harnsäureansammlungen, bei der Durchspülung der Harnkanälchen zukommt, wie das kalte Wasser die Peristaltik anregt, das ist Ihnen sattsam bekannt. Da aber die häufigen Begleiterscheinungen der Polysarcie wie Oxalurie, harnsaure Diathese, Coprostase, Leberhyperämie u. s. w. so viele Angriffspunkte für die vermehrte Wasserzufuhr bieten, so werden wir einer energischen Wasserentziehung bei der Fettsucht, es sei denn bei vorgeschrittenen Kreislaufstörungen, nicht das Wort reden können.

Während ich demnach im Einverständniss mit Zuntz, A. Fränkel u. A., dem Oertel'schen Princip die Berechtigung nur zuerkenne, insoweit es sich um auf der Basis von Fettleibigkeit entwickelte Circulationsstörungen handelt, insoweit durch eine energische Wasserentziehung eine mehr oder weniger beträchtliche Harnfluth bewirkt werden kann, habe ich aus den Abhandlungen Oertel's mir nicht die Ueberzeugung verschaffen können, dass dies Princip bei Fettleibigen mit intactem Circulationsapparat gerechtfertigt ist.

Für kurze Zeit allenfalls wird auch in diesen Fällen die Wasserentziehung gut vertragen, aber wenn dieselbe viele Wochen, ja Monate lang mit einer Ausscheidung 24 stündiger Harnmengen von 600—700 g einhergeht, wie dies die Untersuchungen von Oertel zeigen, so kann ich mich dem Bedenken nicht verschliessen, dass hier wohl nachtheilige Folgen für den Organismus entstehen können. Denn, wenn die Untersuchungen der meisten Experimentatoren und auch die meinigen mit Sicherheit ergeben haben, dass dem Wasser mindestens eine auswaschende, auslaugende Kraft auf die stickstoffhaltigen Zersetzungsproducte zukommt, so muss nothwendigerweise daraus folgen, dass unter den entgegengesetzten Verhältnissen, wie es hier der Fall ist, es zu einer Stauung, zu einer Ueberladung der Gewebe mit den stickstoffhaltigen Auswürflingen kommen wird, und es hat gewiss keine grossen Schwierigkeiten, sich vorzustellen, dass bei der unzweifelhaften Disposition der Fettleibigen zur Gicht durch jenes Verfahren der gichtische Zustand erzeugt werden kann. Ueberdies hat Ultzmann darauf hingewiesen, dass auch Albuminurie beim Menschen hervorgerufen werden kann durch einen dyskrasischen Zustand, der aus der Gegenwart einer übergrossen Menge von Harnsäure, Oxalsäure etc. resultirt. Dies bestätigen auch die einschlägigen Beobachtungen von dem Engländer Kinnicut und von Lépine in Lyon. Oertel giebt allerdings an, dass der Maassstab für den statthaften Grad der Wasserentziehung in der Löslichkeit der Harnsäure und der harnsauren Salze im frischgelassenen Urin zu suchen ist. Ich glaube aber nicht, dass dies Kriterium von entscheidender Bedeutung ist. Es kann die Harnsäure in ihren Bildungsstätten zurückgehalten werden, es können Massen von harnsauren Salzen im Nierengewebe und im Nierenbecken aufgespeichert werden, ohne dass solche Stoffe im frischgelassenen Harn ausfallen. Das vortreffliche Werk Ebstein's über die Gicht giebt hierüber lehrreiche Aufschlüsse.

In wie weit die Entziehung der Flüssigkeit auf den Chemismus der Verdauung nachtheilig wirken kann, darüber schwanken die Ansichten. Von der vermehrten Zufuhr der Getränke, namentlich der warmen aromatischen hat Sée einen sehr günstigen Einfluss auf die Verdauung beobachtet. Die Nahrung soll dadurch rascher in den Darm befördert, die Peptonisirung, die Emulgirung und die Diastase sich leichter abspielen. Der Gedanke ist meines Erachtens nicht zurückzuweisen, dass bei unzureichender Flüssigkeitszufuhr die Ausnutzung der Nährstoffe im Darm in vermindertem

Maasse stattfinden könnte, wie dies auch Herr Ewald in der vorjährigen Discussion angedeutet hat.

Einen ganz bestimmten Zusammenhang aber zwischen Wasserentziehung und Erkrankung des Magens habe ich in zwei Fällen beobachtet. In dem einen Falle handelte es sich um ein 17jähriges anämisches Mädchen von schwachem Knochenbau und mässig entwickelter Musculatur, das vom 15. Lebensjahre an verhältnissmässig rasch fett wurde. Das Körpergewicht betrug bei untermittelgrossem Wuchs 63 kg. Die Mutter der Patientin ist fettleibig. Im Verlaufe von etwa drei Monaten wurde das Körpergewicht durch Wasserentziehung auf 53½ kg reducirt. Sehr bald zeigten sich dyspeptische Erscheinungen und Hartleibigkeit, die jeder Therapie hartnäckig trotzten, und soweit meine Informationen reichen, bestehen dieselben Beschwerden auch jetzt noch, 7 Monate nach Beendigung der Oertel'schen Kur.

Der zweite Fall betrifft eine Dame von 52 Jahren. Sie ist seit dem 28. Lebensjahre fettleibig, hat Karlsbad und Marienbad wiederholentlich gebraucht und dabei stets 7—8 kg von ihrem Körpergewicht, welches zwischen 80 und 90 kg schwankte, eingebüsst. Im verflossenen Frühling begann sie eine Oertel'sche Kur, die sie 3 Monate lang streng durchführte. Sie magerte allmählich ab und verlor 11 kg. Im Herbst behandelte ich sie an heftigen Cardialgieen und an Vomitus, die sich als Neurosen charakterisirten.

Was die angestrengte Muskelarbeit, namentlich das Bergsteigen betrifft, so soll hiermit, wie bereits erwähnt, eine Art Herzmuskelgymnastik bezweckt werden. Im Princip lässt sich dagegen gewiss nichts einwenden. Es ist Ihnen bekannt, dass schon Stokes diese anstrengenden, mit starker Schweissbildung verbundenen Muskelbewegungen empfohlen hat. Es wird damals gewiss nicht an Uebertreibungen gefehlt haben. Dafür sprechen die heftigen Angriffe, welche diese Methode von Quain („On fatty diseases of the heart." Med.-chir. transactions, London 1850) und Walshe („The diseases of the lungs and heart" London 1851) erfahren hat. Oertel geht mit der Herzmuskelgymnastik womöglich noch weiter. Seine Anforderungen an die Leistung des erkrankten Herzens scheinen mir noch grösser zu sein, als es diejenigen von Stokes gewesen sind, und die Gefahr liegt nahe genug, dass es auch jetzt nicht an Uebertreibungen fehlen wird. Die richtige Grenze für die Leistung des Herzens abzustecken, ist eben sehr schwer. Das erste Stadium des Fettherzens, wobei es sich um reichliche Auflagerung und Umwachsung von Fett handelt und das zweite Stadium, wo es zur Durchwachsung der Herzmusculatur und manchmal auch zu theilweiser fettiger Degeneration kommt, lassen sich, wie das von Leyden besonders betont wird, auch klinisch nicht absolut sicher von einander unterscheiden. Man kann sich nach der Intensität der Erscheinungen nur ein ungefähres Urtheil bilden. Und so wird auch die Leistungsfähigkeit des Herzens im concreten Falle, wenn es sich um anstrengendes Bergsteigen handeln wird, sich nicht genau abschätzen lassen. Noch weniger dürfte das der Fall sein, wenn der Herzmuskel bereits in grösserem Umfange degenerirt ist, wenn er nach erfolgter Entfettung in einem erschlafften, atrophischen Zustande zurückbleibt.

Nothnagel hat vor einiger Zeit in einem Vortrage, den er in der Gesellschaft der Aerzte in Wien gehalten hat, darauf hingewiesen, welche Rolle der Reservekraft des Herzens bei ungewohnten Anforderungen an seine Leistung zukommt. Dass diese Reservekraft bei einem so geschwächten atrophischen Herzmuskel nur eine minimale sein kann, liegt auf der Hand. Zu dieser Unsicherheit in der Abschätzung der Leistungsfähigkeit des Herzens tritt noch ein anderer Factor hinzu, der die Gefahr übermässiger körperlicher Bewegungen steigert, das ist die bei der Fettleibigkeit häufig vorkommende Arteriensklerose.

Die Körperbewegung muss daher mit der grössten Vorsicht geregelt werden und darf es, wie dies auch v. Basch hervorhebt, nicht durch dieselbe zur Dyspnoe kommen, da diese nach den Versuchen und Beobachtungen von A. Fränkel und Oppenheim den Eiweisszerfall begünstigt und das Herz durch das dyspnoische Blut in einen noch schlechteren Ernährungszustand versetzt würde.

Während ich demnach die Anwendung der Oertel'schen Methode bei Fettleibigen mit Kreislaufstörungen unter der Voraussetzung strenger Individualisirung für empfehlenswerth halte, kann ich mich für dieses Verfahren in den Fällen mit gesundem Circulationsapparat und mit ausreichender Compensation aus den vorher erläuterten Gründen nicht aussprechen.

Ich glaube aber auch noch bemerken zu müssen, dass meines Erachtens Oertel zu weit geht, wenn er für die vorgeschrittenen Fälle von Circulationsstörungen, wo es bereits zu Hydrops, Albuminurie u. s. w. gekommen ist, seiner Methode einen exclusiven Werth beilegt. — Welch' gute Resultate auch mit einer anderen rationellen Therapie erzielt werden können, zeigte mir ein Fall, der vor etwa zehn Tagen von Herrn Leyden in seiner Klinik in meiner Gegenwart vorgestellt und besprochen wurde, und über den ich Ihnen mit seiner gütigen Erlaubniss einige kurze Mittheilungen machen möchte. Es handelt sich um eine 43jährige Frau von kleiner Statur und sehr stark entwickeltem Fettpolster. Sie hat vom Jahre 1871—1878 sehr viel Porter, täglich 15—20 Glas getrunken, und ist von da an fettleibig geworden.

Pat. kam nach überstandenem Erysipel wegen Dyspnoe und Albuminurie in die Anstalt, verliess diese aber bald und kam am 29. December 1885 in bedenklichem Zustande wieder. Breites volles Gesicht, ausgesprochenes, mehrfaches Doppelkinn, Hals vollständig zwischen den Schultern verschwindend. Allgemeine Hautdecken enorm fettreich, am ausgesprochensten am Abdomen, daselbst mindestens handbreit hoher Panniculus adiposus. Pat. sitzt unter den Zeichen heftiger Athemnoth aufrecht im Bette, 64 angestrengte Respirationen in der Minute, Gesichtsfarbe dunkel, cyanotisch. Die Unterextremitäten, der rechte Arm und die rechte Hälfte des Gesichtes ödematös geschwellt. Urinmenge 300. Enthält reichlich Albumin, etwas Blut, Epithelien, Rundzellen, sowie einzelne Cylinder. Analeptica und Digital-Infus bessern den Zustand etwas. Doch bestand nach 24 Stunden noch immer hochgradige Dyspnoe. Pat. musste deshalb das Bett verlassen. Sie brachte mehrere Tage und Nächte auf einem Stuhle sitzend zu, wobei sich die Dyspnoe verringerte. Am 3. Januar wurde Pat. vom Fieber befallen, gleichzeitig warf sie blutiges Sputum aus. Am Ende des 3. Tages hörte diese Complication auf. Die frühere Behandlung wurde wieder aufgenommen. Die Dyspnoe nahm allmählich ab, indem Pat. abwechselnd auf dem Stuhle sitzend und in ruhiger Bettlage die nächsten Wochen zubringt. Die Urinmenge wurde unter Digitalis und Scilla-Gebrauch immer reichlicher. Pat. nimmt täglich mindestens 2000 g Flüssigkeiten zu sich. Album. und Blut schwinden aus dem Urin, die Oedeme verlieren sich allmählich, und am 6. Februar konnte Patientin, nachdem sie sich recht gut erholt hatte, etwas abgemagert, aber im ausgesprochensten Wohlbefinden die Klinik verlassen.

Hochgradige Fettleibigkeit, Reste der früheren Krankheit, Albuminurie und Pneumonie kommen zusammen und die alte, klinische Behandlungsart bewährt sich auf's Beste.

IV. Es erübrigt nunmehr, die Mineralwasser-Kuren zu besprechen.

Diese Methode ist wohl die älteste von allen. Die Glaubersalz- und Kochsalzwässer erfreuen sich seit sehr langer Zeit eines ausgezeichneten Rufes gegen die Fettleibigkeit. Im Hinblick auf die reichen Erfahrungen, die Sie gerade über diese Methode der Behandlung gesammelt haben, möchte es Ihnen vielleicht als überflüssig erscheinen, dass ich die Berechtigung derselben vor Ihnen vertrete.

Aber es ist Ihnen bekannt, dass Ebstein und Oertel die Stellung, welche die Mineralwasser-Kuren in der Reihe der Entfettungs-Methoden bis jetzt eingenommen hatten, bekämpften und sie geradezu als wirkungslos und in vielen Fällen für schädlich erklären zu müssen glaubten.

Die beiden Autoren nehmen an, dass das Trinken der genannten Mineral-Wässer deswegen schadet, weil sie die Blutmenge vermehren und dadurch vorhandene Kreislaufstörungen steigern.

von Basch hat aber in seiner Abhandlung über die Entfettungs-Kur in Marienbad gezeigt, dass in der Mehrzahl der Fälle der Blutdruck während der Kur sinkt, am auffallendsten, wo in Folge von Arteriensclerose, Nierenschrumpfung, Herzhypertrophie der Blutdruck über die Norm erhöht ist. Die Blutmenge kann also nicht zugenommen, vielleicht eher abgenommen haben. von Basch hält es für wahrscheinlich, dass dieses Sinken auf Beseitigung von Widerständen in der Strombahn der Unterleibsgefässe, also auf Bedingungen beruht, die wohl zum Theil auf die Trinkkur bezogen werden können. Allerdings giebt von Basch an, dass er schon lange vor dem Erscheinen des Oertel'schen Buches bei Gewohnheitstrinkern die Flüssigkeitszufuhr auf das normale Maass reducirt hat. Ein gleiches Verfahren dürfte, wenn es die Indicationen erfordern, gewiss auch in anderen Kurorten geübt werden.

Ich darf in aller Bescheidenheit von uns Kurärzten sagen, dass wir in der Erkenntniss der Individualisirung der balneotherapeutischen Maassnahmen nicht unwesentliche Fortschritte gemacht haben. Gefahren, wie sie ehedem bei etwa vorhandenen Circulationsstörungen durch zu grosse Mineralwasser-Zufuhren entstanden sein mochten, sind jetzt als ausgeschlossen zu betrachten.

Die Ansichten haben sich glücklicher Weise auch in dieser Beziehung geklärt.

Es wird Sie interessiren, dass in der Mitte des vorigen Jahrhunderts ein Karlsbader Arzt, Dr. Tilling, von sich selbst sagt, dass er in weniger als zwei Stunden 50 bis 60 Becher Brunnen getrunken hat.

Und jetzt, meine Herren?

Man gestattet den Patienten selten mehr als 600—1000 ccm pro die.

Auf die Wirksamkeit der Bestandtheile der hier in Betracht kommenden Quellen näher einzugehen, muss ich mir schon in Rücksicht auf die vorgeschrittene Zeit versagen. Es sind in den letzten Jahren vielfache Versuche hierüber angestellt worden. Seiner Zeit hatte ich die Ehre, Ihnen auch meine Resultate über einschlägige Versuche am Thiere vorzutragen. Sehr beachtenswerthe Mittheilungen hat Emil Pfeiffer in „den balneologischen Studien über Wiesbaden“ gemacht.

Meinungsdifferenzen über den Einfluss der einzelnen Componenten der Quellen auf den Stoffwechsel bestehen zwar noch hie und da, dieselben können aber den Gesammteffect nicht zweifelhaft machen. Und dieser Gesammteffect der so vielfach complicirten Kochsalz- und Glaubersalz-Wässer äussert sich, wie dies durch tausendfache Beobachtungen bestätigt wird, bei Fettleibigen durch Fettverlust.

Einer der hervorragendsten Kenner der Physiologie des Stoffwechsels, F. A. Hoffmann, sagt in seinen bereits citirten Vorlesungen über „Allgemeine Therapie“ bezüglich der Glaubersalzwässer:

„Diese Mischungen haben sich bei tieferen Störungen des Stoffwechsels als Regulatoren desselben in hohem Grade bewährt und können, ohne gefährlich zu wirken, sogar bei Alterationen der Gewebe, wie fettiger Degeneration derselben, angewendet werden. Als Ursache dieser günstigen Einflüsse darf man hypothetisch eine Beeinflussung resp. Regulirung des Pfortaderkreislaufes annehmen, wodurch man sowohl die Erfolge bei Magen- und Darmaffectionen, wie bei Plethora, Fettleibigkeit und bei Diabetes, Gicht und Leberhyperämien sich verständlich machen könnte.“

Was nun die übrigen Bedingungen betrifft, um eine Entfettung rationell zu erzielen, so sind dieselben in den Kurorten von Karlsbad, Marienbad, Kissingen, Wiesbaden in vollkommenster Weise vereinigt. Die Terrain - Verhältnisse bieten der Indication der körperlichen Bewegung in den verschiedensten Abstufungen der Krankheit einen ausgedehnten Spielraum. Es sind überall Dampf- und Mineralbäder vorhanden.

Für eine fünf bis sechs Wochen dauernde Kur sind die Patienten leicht zu bewegen, sich einem strengen Regimen zu fügen; die sonst schwierige Entwöhnung vom langen Schlafe lässt sich hier leichter bewerkstelligen als zu Hause.

Fettverluste werden in ausreichendem Maasse erzielt. Körpergewichtsabnahme von 6 bis 12 Proc. habe ich bei meinen Kranken ohne Nachtheile für den Organismus regelmässig erreicht.

Und die Fälle, die nach einer Mineralwasser-Kur ein reducirtes, stabiles Körpergewicht Jahre hindurch beibehalten, sind nicht so selten, wie dies oft behauptet wird.

Es muss aber auch meines Erachtens schon als ein grosser Gewinn, als ein wichtiger Factor in der Therapie der Fettleibigkeit angesehen werden, wenn wir es mit den Mineralwasser-Kuren ermöglichen, dass die Fettleibigen nicht genöthigt sind, den grössten Theil des Jahres unter dem Zwang harter Entbehrungen zu leben, wenn wir durch eine erfolgreiche Mineralwasser-Kur im concreten Falle für die etwaige spätere Anwendung einer anderen Methode günstigere Bedingungen geschaffen haben.

Nach meinen Ausführungen werden Sie es begreiflich finden, meine Herren, wenn ich der Ueberzeugung Ausdruck gebe, dass die Mineralwasser-Kuren nach wie vor den Platz behaupten werden, den sie als Entfettungsmethode bis jetzt eingenommen haben.

Discussion.

Herr Leo: M. H.! Ich wollte mir gestatten, zu dem Vortrage des Herrn Mayer einige Bemerkungen mehr theoretischer Natur zu machen. Der Herr Vortr. hat zum Schluss seiner Auseinandersetzungen den Entfettungsmethoden, welche auf Aenderung der Diät und der sonstigen Lebensweise basiren, die auf der Darreichung der Mittelsalz haltigen Mineralquellen beruhende Methode nicht nur an die Seite, sondern sogar vorangesetzt. Er konnte sich hierbei auf die vielfachen günstigen von ihm erzielten Resultate in der Praxis beziehen, und bin ich sehr weit davon entfernt, irgendwie diese Resultate in Zweifel zu ziehen. Es ist ja weltbekannt, welche vorzügliche Wirkungen durch die salinischen Wässer erreicht werden können. Ich glaube jedoch nicht, dass diese Resultate zu dem weitgehenden Schluss berechtigen, dass die salinische Methode den diätetischen an die Seite gestellt werden darf. Dass die Zufuhr Mittelsalz haltiger Wässer auch ohne Aenderung der Diät und der sonstigen Lebensweise im Stande ist, eine Verminderung des Körperfettes zu bewirken, ist ja höchst wahrscheinlich. Ich möchte zur Stütze dieser Annahme besonders verweisen auf die Versuche, die von Zuntz und v. Mering i. J. 1883 in Pflüger's Archiv publicirt sind und von den Practikern merkwürdiger Weise nicht genügend berücksichtigt wurden. Die genannten Autoren fanden nämlich, dass dieselbe Nahrungsmenge, welche bei der Einfuhr vom Magen aus sehr erhebliche Steigerung des Sauerstoffverbrauchs bewirkte, wenn sie direct in das Blut injicirt wird, den Sauerstoffverbrauch völlig unbeeinflusst lässt. Sie wurden durch dieses Resultat zu der Vermuthung gedrängt, dass die bei Zufuhr von Nahrungsstoffen in den Magen auftretende Steigerung des Sauerstoffverbrauchs zu beziehen sei auf eine Vermehrung der Darmthätigkeit, resp. der in den Darm einmündenden Drüsen derselben. Den Beweis hierfür erbrachten sie, indem sie in den Magen Substanzen einführten, welche nicht im Organismus verbrennbar sind und zugleich die Eigenschaft haben, den Darm zur Thätigkeit anzuregen, also vor allen das Glaubersalz. In der That stellte sich heraus, dass nach Einfuhr desselben der Sauerstoffverbrauch bis zu 15 ja 16 Proc. gesteigert wurde. Da nur Thiere im Hungerzustand verwandt wurden, so folgt aus diesen Versuchen wohl zweifellos, dass schon allein die Zufuhr von Glaubersalzlösungen in den Magen durch erhöhte Thätigkeit des Darms resp. der einmündenden Drüsen das Sauerstoffbedürfniss steigert und einen vermehrten Zerfall von Körpersubstanz bewirkt. Da aus den Versuchen, welche Voit zur Widerlegung der Seegen'schen Angaben gemacht hat, hervorgeht, dass der Eiweisszerfall durch diese Salze nur wenig beeinflusst wird, so können wir nicht zweifeln, dass der mehr zugeführte Sauerstoff zur Zersetzung stickstofffreier Körperbestandtheile, in erster Linie also des Fettes, gedient hat.

Trotzdem also die Wirksamkeit der Salzwässer auf die Fettentziehung nicht geläugnet werden soll, muss diese Behandlungsmethode doch hinter den auf Aenderung der Lebensweise basirenden zurückstehen. Denn da die Mineralwässer wegen der bei zu langem Gebrauch eintretenden Schädigung des Verdauungsapparates unmöglich dauernd gebraucht werden können, so pflegt ihre Wirkung keine bleibende zu sein. Factisch werden ausserdem die Brunnenkuren immer in Verbindung mit entsprechenden Aenderungen der Diät in Anwendung gebracht, und es kann daher die Zufuhr salinischer Wässer nicht als selbständige Entfettungsmethode den diätetischen entgegengestellt werden. Mir scheint der Gebrauch der Salzwässer in Analogie zu bringen zu sein mit der von Oertel geforderten Wasserentziehung. Auch diese, auf deren entfettende Wirkung ich hier nicht eingehen will, soll nur in Combination mit geeigneten diätetischen Maassnahmen in Anwendung gezogen werden.

Welche von den empfohlenen Maassnahmen die geeignetsten und rationellsten sind, wird sich wohl im Allgemeinen nicht beantworten lassen. Wesentlich wird es, abgesehen von der vermehrten Muskelthätigkeit, immer wohl auf Verminderung der Nahrungsaufnahme hinauskommen. Was diese betrifft, so glaube ich, dass sich an die vorher erwähnten Versuche noch folgende Erwägungen knüpfen lassen. Wie vorher ausgeführt, wird eine gewisse Menge Fettäquivalent bei der Verdauung der Nahrung verbraucht. Diese Menge könnte bei constanter Nahrungsmenge sehr verschieden sein, je nachdem letztere auf einmal oder in viele kleine Portionen vertheilt zugeführt wird. Die practischen Erfahrungen und geeignete experimentelle Beobachtungen werden zu entscheiden haben, ob meine Annahme, dass der letztere Modus der Entfettung günstiger sei, die richtige ist. Jedenfalls hat derselbe den Vortheil, dass die Entwicklung intensiven Hungergefühls vermieden wird, was nothwendig ist, wenn man eine genügende Beschränkung der Nahrungszufuhr dauernd durchführen will.

Herr Friedr. Müller. Bei der Durchsicht der ziemlich umfangreichen Literatur über die Entfettungskuren drängt sich dem Leser die Ueberzeugung auf, dass offenbar sehr verschiedene Wege zum Ziele führen können. Während von der einen Seite die Fette in der Nahrung verpönt wurden, wird von der anderen Seite der Genuss derselben in unbeschränktem Maasse gestattet, und während von einigen Autoren in der Entwässerung des Körpers ein wichtiger Factor gesehen wird, haben sich in früherer und auch in neuester Zeit Stimmen geltend gemacht, welche einer vermehrten Flüssigkeitszufuhr das Wort reden. Keiner dieser Methoden lässt sich der practische Erfolg abstreiten, den die Autoren meist mit Ziffern zu belegen wissen. Allen diesen Entfettungskuren gemeinschaftlich ist das Bestreben, die Zufuhr des kohlenstoffhaltigen Materials zu beschränken und die Verbrennung desselben zu steigern, dagegen den Eiweissgehalt des Körpers intact zu lassen oder womöglich zu heben. Auch die Ebstein'sche Methode ist eine Entziehungskur in diesem Sinne. Denn obwohl Ebstein das Fett in der Nahrung geradezu aufsuchen lässt, so giebt er doch an, dass die Menge des im Tag genossenen Fettes nur 60—100 gr betrage. Es ist eben nicht wohl möglich, grössere Mengen von Fett zu geniessen und zu bewältigen, während von Kohlehydraten mit Leichtigkeit sehr viel bedeutendere Mengen gegessen und bis auf Spuren vom Darmcanal resorbirt werden können. Die Resorption der Fette ist dagegen schon unter normalen Verhältnissen eine sehr viel weniger günstige, und sobald eine Verminderung der Gallenabscheidung eintritt, wird dieselbe in recht hohem Maasse beeinträchtigt. So konnte ich z. B. nachweisen, dass bei Erkrankungen der Leber, auch ohne dass die Galle vollständig aus dem Stuhle verschwunden wäre, schon 30--40 Proc. des genossenen Fettes im Koth wiedererschienen. Da nun gerade bei Fettleibigen Erkrankungen der Leber häufig vorkommen, so dürfte sich aus diesem Grunde vielleicht empfehlen, denselben keine übergrossen Mengen von Fett in der Nahrung zuzumuthen. — Der Herr Referent hat auf die günstige Wirkung der Karlsbader Wässer bei den Entfettungskuren hingewiesen. Es fragt sich nun, ob nicht hier die Deutung zulässig ist, dass durch die Beschleunigung der Darmperistaltik die Nahrungsmittel schlechter resorbirt werden und demnach dem Körper viel weniger zu Gute kommt, als scheinbar in der Nahrung gegeben worden ist. Es lässt sich leicht nachweisen, dass bei Diarrhoe die Ausnützung der Nahrungsmittel eine sehr viel schlechtere ist, als bei langsamer Peristaltik. — Ein Punkt, der in der Frage der Entfettungskuren viel erörtert worden ist, ist der, welche Gefahren dieselben dem Körper bringen können. Auf diese Gefahren ist namentlich mit Hinblick auf die Bantingkur von Voit und Anderen aufmerksam gemacht worden. Immermann z. B. giebt an, dass manche Patienten ihn dringend gebeten hätten, die Kur zu unterbrechen, da sie von einer unerträglichen Mattigkeit und Abgeschlagenheit befallen worden seien. Es fragt sich nun, können diese unangenehmen Erscheinungen allein aus dem Verlust des Körpers an Eiweiss erklärt werden, wie dieses jetzt meist angenommen wird. Es lässt sich schwer denken, dass bei der Bantingkur, bei der so grosse Mengen Eiweiss gegeben werden, ohne dass die Fette und Kohlehydrate vollständig ausgeschlossen sind, ein so rapider Eiweissverlust einträte, dass daraus die erwähnten Gefahren erklärbar werden; sehen wir doch bei anderen Krankheiten oft sehr bedeutende Eiweissverluste auftreten, ohne dass ähnliche Erscheinungen sich geltend machen. Die in der Bantingkur und anderen Methoden vorgeschriebene Kost ist nun zum Theil eine recht eintönige. Wer sich mit Ernährungsversuchen beschäftigt hat, wird gewiss die Erfahrung gemacht haben, wie leicht eine gleichmässige Kost zum Ueberdruss wird und auch bei genügender Menge häufig ein unerträgliches Gefühl von Mattigkeit und Abgeschlagenheit erweckt. Bei den im Verlaufe der Entfettungskuren sich einstellenden Entkräftungszuständen treten meist Erscheinungen von Seiten des Nervensystems in den Vordergrund: Nervöse Reizbarkeit, gedrückte Stimmung, Verlust der Thatkraft oder Schlafsucht. Ich kann mir schwer erklären, dass alle diese Erscheinungen auf eine Verarmung des Körpers an Eiweiss zurückzuführen seien.

Herr W. Feilchenfeld: Herr Sanitätsrath Mayer kam neulich bei Besprechung der Oertel'schen Entziehungsmethode zu dem Resultate, dass dieselbe bei Fetten garnicht, wohl aber bei Circulationsstörungen anzuwenden sei, bei denen durch dieselbe eine Harnfluth hervorgerufen werde.

Mit der gütigen Erlaubniss des Herrn Gehr. Leyden möchte ich mir gestatten, im Anschluss an diese Behauptung einige Worte zu sagen, da ich bei Beobachtungen, welche ich unter Anregung des Herrn Prof. Jacobson im jüdischen Krankenhause und mit der gütigen Erlaubniss der Herren Gehr. Leyden und Gehr. Vollmer in der Charité und in dem kathol. Krankenhause machte, zu anderen Resultaten gekommen bin.

Was zunächst die Harnfluth bei Circulationsstörungen anbetrifft, so behauptet allerdings Oertel in seinem Handbuche der Therapie der Kreislaufsstörungen, dass eine solche durch Wasserentziehung bedingt werde. Von den 9 Tabellen aber, die er zum Beweise dafür anführt, gehören 3 Fälle überhaupt nicht dahin (Empyem bei Tuberculose, Apoplexia cerebri mit Fettherz und eine Aorteninsufficienz, von der nicht gesagt wird, dass sie nicht compensirt sei); von den andern 6 Fällen zeigen nur 3 das, was Oertel eine Harnfluth zu nennen berechtigt wäre, während die 3 letzten Fälle sich ebenso verhalten wie ein normales Cor oder wie ein Herzfehler mit voller Compensation.

Unter diesen Bedingungen fand Oertel nämlich in 8 (wenn ich die 3 oben ausgeschiedenen mitzähle) und ich in 17 Fällen, dass bei Verminderung der aufgenommenen Flüssigkeit die Harnmenge nicht proportional der Aufnahme fällt, sondern eine relative Steigerung zu Tage tritt. Die Differenz zwischen eingeführter Flüssigkeit und ausgeschiedener Harnmenge nimmt ab und häufig wird sogar mehr Urin abgesondert als Flüssigkeit eingenommen. Es wirkt also die Entziehung bei normalem Cor oder bei vorhandener Compensation von Herzfehlern direct diuretisch.

Dieses Verhältniss nun soll nach Oertel bei Circulationsstörungen viel deutlicher werden, die diuretische Wirkung der Entziehung soll dabei viel eclatanter zur Geltung kommen. Ich habe nun aber gerade das Gegentheil gefunden, bei Circulationsstörungen fällt die Diurese während der Entziehung sehr prompt, und es bleibt also viel Flüssigkeit im Körper zurück, wenn auch meist die Differenz zwischen Ausscheidung und Aufnahme etwas geringer ist als bei normaler Flüssigkeitszufuhr. Ich glaube nun also, gestützt auf eine gleiche Anzahl von Fällen wie Oertel, seine Behauptung mit den daraus gezogenen Folgen ablehnen zu müssen.

Bei Adipositas ferner verhält sich die Diurese bei Entziehung ebenso wie bei normalem Cor, da ja eben meist dabei es sich um ein gesundes Herz handelt. Die Beschwerden, welche häufig zu der klinischen Diagnose fettige Degeneration des Herzens Veranlassung geben, werden wohl meist durch Fettauflagerung auf Herz und Pericard bedingt, ohne dass dabei die Musculatur des Herzens eine schwere Veränderung erlitten zu haben braucht.

Was nun, wobei es hier am meisten ankommt, den Erfolg der Entziehung anbetrifft, so habe ich in mehreren Fällen bei Adipositas eine Abnahme des Körpergewichtes und eine bedeutende Verminderung der Beschwerden beobachten können. Aber ich sah auch bei einem Patienten, der sehr gebessert das Krankenhaus verliess, die alten Beschwerden sich allmählich wieder einstellen und das Körpergewicht zunehmen, obwohl er draussen die Diät, wenn auch nicht ganz so strenge, innehielt, und obwohl er durch seinen Beruf gezwungen war, die Gymnastik des Herzens, die im Krankenhause durch vielfaches Treppensteigen erzielt wurde, fortzusetzen, da er als Lederstepper viel mit Händen und Füssen angestrengt arbeiten musste. — Andauernd aber lässt sich eine energische Entziehungsmethode nicht durchführen, obwohl Oertel das seiner Methode nachrühmt. Nervosität, Schlaflosigkeit, Mattigkeit, Verfall der Kräfte stellen sich bei längere Zeit andauernder Entziehung ebenso wie bei den andern Entfettungsmethoden ein. Trotzdem ist es ein Verdienst von Oertel, diese übrigens schon alte Behandlungsweise der Obesitas wieder in die Therapie eingeführt zu haben, da sie, wenn sie sich auch nicht vor den anderen Methoden auszeichnet, so doch eben so viel Beachtung wie jene verdient.

Oertel will nun weiter aber alle Arten von Circulationsstörungen mit Entziehung behandeln. Ich habe zunächst einige Fälle von Emphysem mit Dilatation des rechten Ventrikels beobachtet und gefunden, dass bei Enthaltung von Flüssigkeit sich die Athembeschwerden und Beklemmungen vermindern. Sehr lehrreich aber war mir dabei ein solcher Fall, der im November vorigen Jahres ins Krankenhaus kam, und nachdem ich einige Zeit, ohne dass er irgend wie behandelt wurde, seine normale Flüssigkeitsaufnahme beobachtet hatte, gebessert entlassen wurde und seinen Geschäften nachgehen konnte, bis er jetzt im Februar d. J. wieder das Krankenhaus aufsuchte, da der alte Zustand sich wieder allmählich eingestellt hatte. Es wurde dieses Mal bei ihm entzogen, und er verliess in voriger Woche das Krankenhaus ebenso gebessert, wie das erste Mal, wo er gar nicht therapeutisch beeinflusst worden war. Hieraus geht doch hervor, dass der Erfolg in solchen Fällen nicht auf die Entziehung sondern auf die Diätetik und die völlige Ruhe und gute Pflege des Krankenhauses zu beziehen ist. In ähnlicher Weise beobachtete ich bei Morbus Basedowii während der Entziehung einige Besserung; als ich aber als Controlversuch den Patient wieder eine Zeit lang viel trinken liess, verschlimmerte sich der Zustand durchaus nicht. — Bei wirklichen Herzfehlern, bei denen die Compensation gestört war, konnte ich einen heilsamen Erfolg nicht wahrnehmen. Wichtig ist mir besonders ein Fall, den ich in der Charité auf der Abtheilung des Herrn Gehr. Leyden verfolgte. Ein Patient mit sehr unregelmässigem, oft aussetzendem, sehr kleinem, kaum fühlbarem Pulse, starker Dyspnoe, sehr hochgradigen Oedemen besserte sich unter Digitaliswirkung zusehends. Als die Beschwerden nachzulassen begannen, die Oedeme etwas abgenommen hatten, wurde Digitalis ausgesetzt und die Entziehung angewandt; die Athembeschwerden nahmen schnell zu, die Oedeme stiegen in wenigen Tagen wieder und die Urinmenge, die bei Digitalis die aufgenommene Flüssigkeit übertraf, fiel bedeutend, so dass der Zustand des Pat. die Wiedergabe von Digitalis energisch erforderte. — Ich glaube also zu dem Resultate gekommen zu sein, dass die Oertelsche Entziehungsmethode bei Fetten mit gleichem Erfolg wie die anderen Entfettungsmethoden anwendbar ist, bei Circulationsstörungen dagegen durch dieselbe nichts Wesentliches erreicht wird und man daher nicht zwecklos dem Pat. die beschwerliche Cur auferlegen sollte.

Herr Badt: Ich darf mir gestatten, einen Fall aus meiner Praxis hier anzuführen. Eine junge Dame, 20jährig, ebenmässig gebaut, liess sich in der Befürchtung, sie könnte zu fett werden, andererseits aber auch, um einer gewissen Mode nachzukommen, darauf ein, eine Entziehungskur durchzumachen. Ich hatte sie von vornherein gewarnt, dieselbe schablonenhaft fortzusetzen; das nützte aber nichts. Die Folgen waren sehr traurige. Zunächst magerte sie bedeutend ab, im weiteren Verfolg bekam sie einen Grad von Nervosität, der sie ihrer ganzen Umgebung fast unerträglich machte. Bei jeder Gelegenheit gerieth sie in die grösste Aufregung, weinte bis zu Weinkrämpfen und war ausser Stande, irgend etwas zu leisten. Es stellte sich Schwäche ein, Anämie, Indigestion, kurz alle die Folgen, wie man sie nach einer derartigen Kur sieht. Es hat Monate lange Mühe gekostet, um sie einigermaassen wieder auf die Beine zu bringen. Bei dem geringsten Diätfehler traten derartige Störungen auf, dass sie Tage lang nichts geniessen konnte, belegte Zunge hatte, an Obstipationen litt. Ich führe diesen Fall nur an, um — was ich hier eigentlich nicht nöthig habe — vor jeder schablonenhaften Behandlung zu warnen und um zu bedenken zu geben, dass wir es nicht mit Krankheiten, sondern mit Krankheits-Individuen zu thun haben. So viel mir bekannt, haben eine ganze Reihe derartiger Fälle einen sehr ungünstigen Verlauf genommen, und es ist traurig, dass man eine solche

Kur verallgemeinert hat, die wohl für robuste kräftige Individualitäten erspriesslich sein dürfte, nicht aber für Jedermann sich eignet und die unter allen Umständen der sorgsamen Ueberwachung Seitens des ordinirenden Arztes bedarf.

Herr A. Kalischer. Die Kuren nach Oertel'scher Methode haben sich in der That in hohem Maasse eingebürgert, und ich kann ja auch ruhig den Namen dessen nennen, der sie hier eingeführt hat Diese hier sogenannte Schweninger - Kur ist bei einer nicht kleinen Zahl unserer Patienten zur Durchführung gelangt, sei es mit unserer Zustimmung, sei es, dass man uns damit, ohne uns zu fragen, überrascht hat. Es ist auch mir in einem Falle begegnet, dass während meiner Sommerreise ein Patient die Gelegenheit benutzte, den Rath des Herrn Schweninger einzuholen und während dieser Zeit seine Kur zu benutzen, so dass ich, als ich nach Hause kam, den Erfolg zu sehen bekam. Ich will nicht unterlassen, um zu zeigen, welche Wirkungen es haben kann, wenn man sich einer solchen Kur unterwirft, auf diesen Fall hinzuweisen. Es handelte sich um einen Herrn im Alter von einigen 40 Jahren. Er hatte ein Gewicht von ca. 240 Pfund und war so schwer beweglich, dass er kaum irgend einen Weg ohne eine Droschke zurückzulegen pflegte. Nachdem ich ihn vergeblich gebeten hatte, durch Bewegung und eine entsprechende diätetische Einschränkung seine Fettleibigkeit zum Theil zu verlieren, benutzte er den Rath des Herrn Schweninger, machte sich sehr viel Bewegung und führte die Nahrung häufig und in kleinen, für seinen Körper nicht zureichenden Mengen zu. Diese Kur brauchte er ausserordentlich energisch und verlor in der ersten Woche 7 Pfund und binnen kurzer Zeit ca. 50 Pfund. War er im Beginne mit dem Erfolge der Kur recht zufrieden, so stellten sich nun Erscheinungen ein, die ausserordentlich beunruhigend waren. Es traten Erscheinungen von Herzschwäche auf, die ihn überraschten, wenn er auch nur wenige Schritte gegangen war. Er musste dann stehen bleiben, bekam Herzklopfen, Schwächegefühl, konnte sich sehr schwer aufrecht halten, musste sich stützen und befand sich in einem sehr angstvollen Zustande, bis er eine Droschke fand, die ihn an's Ziel führte. Diese Zufälle hielten längere Zeit an und es gelang nur dadurch, sie allmählich wieder zu beseitigen, dass der Pat. veranlasst wurde, sich reichlicher und kräftiger zu ernähren. Dabei stellte sich heraus — und dass wird für alle diese Fälle wohl maassgebend sein — dass bei der längeren Entziehung derjenigen Quantität der Nahrung, die für den Körper nothwendig ist, der Magen die Fähigkeit verliert, wieder grössere Mengen aufzunehmen. Es mag ja, wenn die Kur rationell und unter genügender Beobachtung durchgeführt wird, darin eine Gewähr für den dauernden Erfolg liegen, dass die Patienten für geraume Zeit entwöhnt werden, grössere Mengen Nahrung aufzunehmen, wenn es aber darauf ankommt, nach einer so gewaltsamen Entziehung den Körper wieder aufzurichten, macht sich diese Unfähigkeit, grössere Mengen aufzunehmen, als erhebliche Störung geltend und es gelingt nur sehr langsam, den Körper wieder in die Höhe zu bringen. In dem erwähnten Falle kann ich mit dem Resultat im Ganzen zufrieden sein, nur ist jetzt dauernde Indigestion bei dem Kranken vorhanden, während er sonst nie an Verdauungsbeschwerden gelitten hat.

Wenn ich es für der Mühe werth gehalten habe, diesen Fall anzuführen, so that ich es, um vielleicht noch ähnliche Erfahrungen zu hören und weil ich der Meinung bin, dass eine zu energische Fettentziehung zu widerrathen ist. Eine solche Fettentziehung pflegt nach Mineralwasserkuren nicht einzutreten, wenigstens werden dieselben in den letzten Jahren nicht so exercirt, dass eine solche Reduction eintritt. In den meisten Fällen, die ich sehe, begnügt man sich mit einem Gewichtverlust von 10, in manchen von 5—6 Pfund.

Die beschriebene Kur ist im Wesentlichen nur als eine Hungerkur aufzufassen, bei welcher die Patienten durch reichliche Bewegung viel Material verbrauchen und die zur Ernährung des Körpers ausreichende Nahrung nicht zuführen. Die Abmagerung erfolgt wie bei allen den Kranken, welche in Folge ihres Leidens lange Zeit nur ungenügend ernährt werden können.

Herr Rothmann: Ich habe vor Jahren bei einer Patientin, die ich acht Jahre lang an Angina pectoris behandelt hatte und bei der im Laufe der Zeit sich selbstverständlich die asthmatischen Erscheinungen steigerten, versucht — Herr Geh. Rath Leyden hat den Fall auch gesehen — durch Beschränkung der Flüssigkeitsaufnahme eine Verminderung der asthmatischen Beschwerden herbeizuführen. Ich kann nur sagen, dass ich mit diesem Versuche nichts erreicht habe. Die Beschwerden steigerten sich trotzdem und die Patientin ging zu Grunde.

Herr Leyden: Meine Herren, wenn ich in den letzten Jahren den Discussionen über den Werth der verschiedenen Entfettungsmethoden gefolgt bin, so habe ich oft an Lessing's Nathan den Weisen und die bekannte Fabel von den 3 Ringen denken müssen. Auch die verschiedenen Entfettungsmethoden streiten um den Vorrang und jede behauptet von sich, die beste, wo nicht die einzig richtige zu sein. Aber der Beweis, dass sie den echten Ring beseitige, ist verloren gegangen, wir sollen aus den Erfolgen schliessen, welches die beste ist. Wie sieht es mit den Erfolgen aus?

Meine Herren, ich habe aus den bisherigen Discussionen nicht, weder aus den theoretischen Darlegungen der Herren Leo, noch aus dem, was Herr Müller, Herr Jacques Mayer gesagt hat, entnehmen können, dass eine Methode vor der andern einen entschiedenen Vorrang behauptet, und auch meine practischen Erfahrungen haben mich zu derselben Ueberzeugung geführt. Es scheint mir, dass alle Methoden insofern gleichberechtigt sind, als sie bei einer genügend conseqenten Durchführung zum Ziele führen. Wir können es gewiss als einen wesentlichen, practischen Fortschritt begrüssen, dass wir heutzutage über eine Reihe von wirksamen Methoden gebieten, unter denen wir je nach der Natur, ja auch nach der Neigung des Patienten auswählen dürfen. Im Allgemeinen dürfte hier die Aetiologie maassgebend sein, d. h. wir entziehen dem Pat. diejenigen Nahrungsmittel, durch welche er fettleibig geworden ist. Im Allgemeinen kann die Aufgabe, einen Pat. mager zu machen, keine schwierige sein. Die Principien zur Lösung dieses Problems, verminderte Nahrungsaufnahme und vermehrte Stoffumsatz durch Muskelübung sind sehr alte. Aber die Aufgabe ist erweitert worden. Die Kur soll vor allen Dingen dem Patienten keine Gefahr bringen und sie soll ihr Ziel erreichen mit möglichst geringer Belästigung des Patienten. Um diese beiden Bedingungen drehen sich wesentlich die Discussionen. Indessen ganz ohne Pönitenz lässt sich eine Entziehung nicht ausführen. Alle Methoden, trotz ihrer Verschiedenheit, kommen doch darin überein, dass sie dem Pat. in Bezug auf die Zusammensetzung seiner Nahrung gewisse Schranken auferlegen welche dahin führen, dass er weniger geniesst. Die moderne Beschränkung der Flüssigkeit ist doch auch nichts anderes, dem Einen gelingt es vielleicht leichter zu dursten, dem Andern zu hungern.

Auch darin kann ich keinen wesentlichen Unterschied erblicken, dass die eine Methode mehr leistet als die andere. Bei gehöriger Umsicht und Consequenz führen sie alle zum Ziele. Wenn Oertel den von ihm ausführlich mitgetheilten Fall von Heilung als ein ausserordentlich günstiges Resultat hinstellt, so kann ich dem insoweit nicht zustimmen, als gleiche Erfolge doch nicht ausserordentlich selten sind und sich auch mit andern Methoden, ja selbst in den doch nicht besonders günstigen Verhältnissen des Charité-Krankenhauses erreichen lassen.

Alle Methoden haben aber auch dieselben Gefahren, dass nämlich nach einer solchen Entfettungskur, besonders wenn sie zu stürmisch betrieben wird, Anämie, Erschöpfung und besonders Herzschwäche eintritt. Diese übelen Folgen können selbst dann eintreten, wenn die Kur mit aller Vorsicht und Geduld angestellt ist. Es giebt viele Fette, zu deren Gesundheit es gehört, fett zu sein, sie werden krank und schwach, so wie sie nicht fett sind. Die Naturen sind eben verschieden, dem soll der Arzt Rechnung tragen. Freilich jugendlichere Individuen, welche durch reichliches Biertrinken oder Männer, die durch zahlreiche Diners schnell fett geworden, wird man durch Einschränkung ihrer Gewohnheiten ohne Gefahr herstellen können.

Die Wahl der Methode wird meines Erachtens, abgesehen von ätiologischen Rücksichten, von dem Einblick des Arztes und von der Wahl des Patienten abhängen. Und in dieser Beziehung spielt die Mode eine sehr grosse Rolle.

Meine Herren, Sie werden den Einfluss der Mode in der Medicin nicht gering schätzen, es ist eine bestimmte, ich möchte sagen, eine Heilpotenz, mit welcher der Arzt durchaus zu rechnen hat. Der Patient hat ein grösseres Vertrauen zu den Mitteln, welche Mode sind, und er unterwirft sich den Entbehrungen einer Kur viel leichter, wenn sie Mode ist d. h. wenn eine Anzahl seiner Freunde dasselbe thun. Diesen Einfluss haben wir bei den Entfettungskuren reichlich sehen können. Vor ca. 20 Jahren war die Bantingkur in Mode, — welche ich übrigens unter der Veraussetzung, dass sie in rationeller Einschränkung gebraucht wird, immer noch für die beste halte. Damals brauchte jeder gebildete Mensch, der auch nur einen Schimmer von Fettleibigkeit hatte, Banting-Diät. Gegenwärtig darf ein gebildeter Mensch kaum mehr Suppe bei Tisch essen, überhaupt nichts oder wenig trinken, und er hält dies für eine geringere Pönitenz als jede andere Methode. Wir haben bisher die Fettleibigen mit gutem Erfolg in Bäder geschickt und Mineralwassercuren brauchen lassen; sie haben dort ihre 10, 15, 20 Pfd. verloren und sich dadurch auf die Diner-Campagne des kommenden Winters vorbereitet. Für viele dürfte es leichter sein, 4 bis 6 Wochen eine starke Diätbeschränkung zu ertragen und die übrige Zeit des Jahres in Freiheit zu leben, als sich während des ganzen Jahres Zwang in den Genüssen der Tafel aufzuerlegen.

Dass die Behandlung der Fettleibigkeit zu den bestimmten und ernsten Aufgaben des Arztes gehört, darüber werden wir nicht zweifelhaft sein. Die Fettleibigkeit, wenn auch nicht eine Krankheit, ist doch eine Unbequemlichkeit und kann zu Krankheitszuständen führen. Ja selbst wenn Jemand seiner äusseren Erscheinung wegen Fett zu verlieren wünscht, so bin ich der Meinung, dass der Arzt es nicht nöthig hat, sich dieser Anforderung zu entziehen. Aber gegenüber diesen Wünschen der Patienten muss man wohl im Auge behalten, dass die Individualität sehr verschieden ist. Wir wissen, einzelne Familien sind mager, andere fett, es gehört zu dem physiologischen Zustand der einen, dass ihre Angehörigen fett, der anderen, dass sie mager sind. Es kann also nicht jeder Mensch mager werden, und wenn Menschen, die nur bei einem gewissen Fettzustande sich wohl befinden, auch nur mässig mager gemacht werden, so werden Erscheinungen auftreten, wie sie Herr Kalischer beschrieben hat, und die ich bestätigen kann.

Wenn ich mir noch ein paar Worte gestatten darf über das Historische der Frage, so glaube ich noch hervorheben zu sollen, dass das Problem der Entfettung keins ist, das die moderne Zeit aufgebracht hat, sondern das so lange besteht, wie es Mediciner gegeben hat. Herr Mayer hat sich auf Hippokrates schon berufen, so dass ich auf diesen Altmeister nicht zurückzukommen brauche. Dagegen will ich mir noch erlauben, Galen und Celsus kurz zu citiren. Celsus sagt: „Die beste Methode ist diese, wenn man dem Körper nach und nach entzieht, woran er Ueberfluss hat und zugleich die Theile stärkt, welche ausgedehnt sind. Die Leibesübungen sind allerdings hierzu sehr nützlich, demgemäss sehen wir auch, dass fette Pferde blos durch Strapazen mager werden. So werden auch diejenigen niemals fett, welche sich an harter Arbeit abmühen müssen. Indessen muss man hierbei vorsichtig sein, denn es ist gewiss, dass dicke Personen in Gefahr sind zu sterben, wenn sie heftige Leibesübungen machen." — Galen sagt: „Ein beständiger Stuhlgang, geschwinde Leibesübung, mässiges Reiben, Speisen, welche zwar sättigen, aber wenig Nahrung geben; hieraus erhellt, weshalb Hippokrates den dicken Personen, welche mager zu werden wünschen, fettes Zugemüse anpries, damit sie sich nämlich mit Wenigem sättigen könnten."

Ich kann nicht schliessen, ohne Ihnen die ebenso geistreichen wie practischen Bemerkungen vorzulesen, welche Brillat-Savarin in seinem berühmten Buche über unser Thema niedergelegt hat: „Wenn ich", sagt er, „approbirter Arzt geworden wäre, so hätte ich zunächst eine gute Monographie über die Corpulenz geschrieben und hätte mein Reich in diesem Winkel der Wissenschaft etablirt. Ich hätte den doppelten Vortheil gehabt, als Patienten solche Leute zu haben, welche sich sehr wohl befinden um täglich von der schöneren Hälfte des Menschengeschlechts belagert zu werden. Denn ein richtiges Verhältniss von Embonpoint, nicht zu viel und nicht zu wenig, ist für Frauen das Streben ihres ganzen Lebens." „Was ich nicht gethan habe, wird ein Anderer thun und wenn er gleichzeitig gelehrt, discret und „beau garçon" ist, so prophezeihe ich einen wunderbaren Erfolg." — „Die Corpulenz ist gar keine Krankheit, aber eine ärgerliche Unpässlichkeit, in welche wir durch eigene Schuld verfallen. Alle müssen daher wünschen, sich davor zu hüten, wenn sie noch nicht dahin gekommen sind, oder hinauszukommen, wenn sie darin verfallen sind. Ihnen zu Liebe wollen wir prüfen, welches die Mittel sind, die uns die Wissenschaft unter Mithülfe der Beobachtung darbietet." Für diesen Zweck nennt der Autor drei Bedingungen:

1) Discretion im Essen,
2) Mässigung im Schlaf,
3) Exercitien zu Fuss oder zu Pferde. —

Das Kapitel über die Behandlung der Fettsucht beginnt der Autor mit folgender Anekdote, mit welcher ich schliesse.

„Herr L. kam zu mir, um meinen Rath zu holen, da er von Fettleibigkeit stark bedroht sei. Ich stehe Ihnen zu Diensten, erwiderte ich, aber unter einer Bedingung, nämlich dass Sie Ihr Ehrenwort geben, während eines Monates mit rigoröser Strenge der Vorschrift zu folgen, welche ich Ihnen geben werde."

„Herr L. gab dies Versprechen, ich händigte ihm anderen Tags ein Fetva ein, dessen erster Artikel war, sich am Beginn und am Schluss der Kur zu wiegen. Nach Verlauf eines Monates kam Herr L. wieder zu mir und sprach fast unter Thränen:

„Ich habe Ihre Vorschriften befolgt, als wenn mein Leben davon abhinge, und ich constatire, dass mein Körpergewicht während dieses Monats sich um etwas mehr als 3 Pfund erleichtert hat. Aber um dies Resultat zu erreichen, war ich genöthigt, meiner Gesundheit und meiner Gewohnheit eine solche Gewalt anzuthun, mit einem Worte, ich habe so viel entbehrt, dass ich, mit allem Danke für Ihre guten Rathschläge, auf den Nutzen verzichte, der mir daraus erwachsen kann und mich in Zukunft meiner Gesundheit überlassen werde, wie es mir die Vorsehung bestimmen wird."

Alles schon dagewesen, sagt Ben Akiba!

Herr W. Lublinski: Ich möchte zu den historischen Erörterungen des Herrn Leyden noch eine kleine recht interessante Notiz hinzufügen, welche für das Bestehen einer der Oertel'schen sehr ähnlichen Methode im Alterthum zu sprechen scheint. Der ältere Plinius schreibt in seiner Naturgeschichte, dass unter Kaiser Tiberius die Sitte in Rom aufgekommen sei, nüchtern zu trinken und das Weintrinken dem Essen vorausgehen zu lassen. Von wem dieser Gebrauch stammt, sagt Plinius, der ihn einen ausländischen nennt, nicht; nur fügt er hinzu, dass ihn Aerzte, um sich durch etwas Neues bekannt zu machen und zu empfehlen, gut heissen und ihren Patienten anrathen.

Herr J. Mayer. Zunächst darf ich Herrn Leo einige Worte erwidern.

Derselbe führte die Versuche von Zuntz an, die dieser in Gemeinschaft mit v. Mering mit Salzlösungen an Thieren angestellt hat. Diese Versuche sind mir bekannt.

Zuntz hat ja die Ergebnisse derselben auf dem Congress in Wiesbaden zu Gunsten der Entfettung durch Brunnenkuren verwerthet. In Hinblick darauf hätte man eher erwarten dürfen, dass auch Herr Leo diese interessanten Resultate für die Wirksamkeit der Mineralwasserkuren in Anspruch nehmen wird, als umgekehrt, denselben eine unzureichende Beweiskraft beizulegen.

Im Uebrigen habe ich meine Ausführungen nicht ausschliesslich in Bezug auf die Karlsbader — sondern auf die Mineralwasserkuren im Allgemeinen gemacht. Was die Bevorzugung der anderen Methoden, in erster Linie der Oertel'schen wegen der grösseren Nachhaltigkeit gegenüber einer Brunnenkur betrifft, so will ich nicht leugnen, dass bei der Oertel-schen Methode die Wirkung eine nachhaltigere ist; allein diese Nachhaltigkeit ist nicht ohne Gefahren für den Organismus. Ich habe in meinem Vortrage bereits verschiedene Bedenken nach dieser Richtung geäussert.

Wie es Diabetiker giebt, welche sich nur wohl fühlen, wenn sie eine bestimmte Quantität Zucker ausscheiden, so giebt es auch Fettleibige, die einer Oertel'schen Kur nicht unterzogen werden können, ohne die nachtheiligsten Folgen für ihr Nervensystem. Wie man bei Diabetikern, welche eine streng antidiabetische Diät befolgen, nicht selten Schlaflosigkeit, Unruhe, Aufgeregtheit beobachtet, so sieht man nicht selten dieselben und noch viel ernstere Erscheinungen bei Fettleibigen, wenn ihnen für längere Zeit mehr oder weniger Getränk entzogen wird. Mehrere der Herren Collegen haben bereits ihre einschlägigen Beobachtungen mitgetheilt.

Im Auftrage des Herrn Collegen Jastrowitz, der zu seinem Bedauern an der heutigen Sitzung nicht Theil nehmen kann, erlaube ich mir, Ihnen zwei weitere Fälle zur Mittheilung zu bringen.

Der eine Fall betrifft einen Diplomaten, der eine Oertel'sche Kur durchmachte, während er geistig und gemüthlich überangestrengt war; derselbe wurde schlaflos, verstimmt, und verfiel in eine Gemüthsstörung, welche ihn erst nach einem halben Jahre verliess.

Der zweite Fall betrifft eine Dame im Beginne der 60 er Jahre, welche wegen Fettleibigkeit und Fettherz, bei vorhandener vergrösserter Herzdämpfung nach rechts, eine Kur nach Oertel zuerst anscheinend mit Erfolg gebraucht hat. Dieselbe ist gleichfalls in einen Zustand hochgradiger Nervosität verfallen, so dass man den Ausbruch einer Geistesstörung befürchtete.

Sie äussert sich in einem Briefe an Dr. Jastrowitz, wie folgt:

„Wie es scheint, hat die streng durchgeführte Kur wohl dem Herzen gut gethan, aber leider eine so totale Blutleere erzeugt, dass mein Gehirn litt; ich verlor total das Gedächtniss, wurde wirr und aufgeregt, so dass man das Aergste befürchtete. — Dies verging aber nach und nach total, indem ich durch Mittel den verlorenen Appetit wieder bekam und wie früher wieder Alles ass, ohne zu „Oerteln". Im Gegentheil: ich trinke sechs Tassen Thee oder Kaffee des Tags mit Zucker, esse Kuchen, Bonbons u. s. w.

Après tout ist die Kur doch sehr bedenklich. — Noch immer bin ich blutarm, Haut und Knochen."

Solche Fälle, sollte ich meinen, müssten zur äussersten Vorsicht mahnen.

Was die Ausführungen des Herrn Müller betrifft, so freue ich mich, mit ihm in Bezug auf die Fettnahrung im Grossen und Ganzen einverstanden sein zu können. Ich habe mich nicht für eine reichliche Fettzufuhr im Allgemeinen ausgesprochen und der Ebstein'schen Methode nur für eine bestimmte Reihe von Fällen das Wort geredet.

Was aber seine Bemerkungen in Bezug auf die Mineralwasserkuren betrifft, so möchte ich hervorheben, dass ich, wie ich schon erwähnt habe, nicht von der Karlsbader, sondern von der Mineralwasserkur im Allgemeinen gesprochen habe. Ganz besonders habe ich aber hervorgehoben, dass man dieselbe nicht nach der Wirkung des Mineralwassers allein beurtheilen dürfe, sondern, dass jede Kur einen complexen Angriff auf das Fett des Organismus darstellt, der nicht nur auf das Mineralwasser zu beziehen ist, sondern auch auf die von den anderen Methoden aufgenommenen Factoren, auf die Diät, auf die Körperbewegung. Wenn ich aber auf die

Wirksamkeit des Minereralwassers als solches zurückgehe, so glaube ich nicht, dass ich mit Herrn Müller damit einverstanden sein kann, wenn er annimmt, dass speciell durch das Karlsbader Wasser etwa eine hochgradig gesteigerte Peristaltik und in Folge dessen eine verminderte Resorption der Nahrung stattfindet; im Gegentheil wird Ihnen bekannt sein, dass das Karlsbader Wasser gar nicht purgirend wirkt. Also dieser Gesichtspunkt fällt weg; vielmehr glaube ich, dass bei einer Mineralwasserkur das Wasser als solches und die Kohlensäure auf die Diurese einwirken, dass die Salze auf die Verdauung, Resorption, Gallenabsonderung einen wohlthätigen Einfluss ausüben, und insofern kann ich wohl das für die Mineralwasserkur in Anspruch genommene Recht, dass sie keiner anderen Entfettungskur nachsteht, auch heute noch in Anspruch nehmen.

Was Herrn Feilchenfeld anlangt, so stimmen zwar seine Versuchsergebnisse mit dem Resultat, zu dem ich gekommen bin, nicht ganz überein; ich muss denn aber doch auf das, was ich in Bezug auf diesen Gegenstand gesagt habe, zurückkommen. Ich habe mich dahin ausgesprochen, dass ich der Oertel'schen Methode nur insofern eine Berechtigung zuerkenne, als es sich um auf der Basis der Fettleibigkeit entstandene Circulationsstörungen handelt, insoweit mit der Verminderung der Wasserzufuhr eine mehr oder weniger beträchtliche Harnfluth verbunden ist. — Herr Feilchenfeld hat das Gegentheil gefunden. Er beobachtete bei seinen Versuchen an Fettleibigen mit Circulationsstörungen, dass verminderte Wasserzufuhr keine erheblich vermehrte Harnausscheidung zur Folge hat. Ich selbst habe nach dieser Richtung nicht experimentirt, sondern vornehmlich auf Grund der Einsicht des Buches von Oertel jenen Ausspruch gethan. — Danach erscheint es aber als unzweifelhaft, dass bei mehr oder weniger hochgradigen Circulationsstörungen die Wasserentziehung eine ungleich grössere Harnabsonderung herbeiführt, als bei Fettleibigen mit intactem Circulationsapparat, oder ausreichender Compensation.

Ich habe auf die Fälle hingewiesen, die bei etwa 800—900 gr täglicher Flüssigkeitszufuhr 600 — 700 ccm Harn ausscheiden, trotzdem sie einen gesunden Gefässapparat haben, trotzdem eine annähernd normale Wasserbilanz des Körpers ursprünglich vorhanden war. Ich habe betont, dass eine solche künstliche Reduction der Harnausscheidung bei vorhandener Disposition zu harnsaurer Diathese unter anderen Nachtheilen für den Organismus sehr leicht gichtische Zustände herbeiführen kann, und insofern glaube ich in der That, dass bei Fettleibigen mit intactem Circulationsapparat eine verminderte Wasserzufuhr nicht am Platze ist.

Auf die Ausführungen unseres verehrten Herrn Vorsitzenden habe ich nichts zu erwidern, da derselbe, wie ich zu meiner grossen Befriedigung entnehme, im Wesentlichen auf meinem Standpunkte steht.

Verlag von **Georg Reimer** in **Berlin,**
zu beziehen durch jede Buchhandlung.

Die Behandlung
der

Lungenschwindsucht

in geschlossenen Heilanstalten
mit besonderer Beziehung auf Falkenstein i/T.

Von

Dr. P. Dettweiler,
dirigirender Arzt daselbst.

Zweite veränderte Auflage.

Preis 2 Mark 40 Pf.

.... Das Buch bildet eine wahre Klinik der Phthise, in welcher die verschiedensten therapeutischen Massnahmen grundsätzlich und in ihrer Anwendung auf den einzelnen Fall — ohne dass zahlreiche Krankengeschichten das Volumen und den Preis vermehren — besprochen werden, nachdem auch schon die verschiedenen Symptome ihrer Bedeutung nach zur Sprache gekommen sind. Etwas Polemik fehlt natürlich auch hier nicht. — Jeder praktische Arzt wird eine Menge Angaben finden, welche auch in der Privatpraxis hohen Werth haben und in mancher peinlichen Lage, wie die fragliche Krankheit sie dem Praktiker zu bereiten besonders geeignet ist, sich hier Raths erholen können....

(Aus einem Referat des Correspondenzblattes für Schweizer Aerzte.)

Klimatische Sommerkurorte.

Leitfaden für Aerzte und Laien
von

Dr. med. H. Reimer.

Preis: 4 Mark.

Ueber die Localbehandlung

des chronischen Blasenkatarrhs,

ein Beitrag zur Chirurgie der Harnorgane
von **Dr. Max Schüller,**
Privatdocent der Chirurgie in Greifswald.

Mit 7 im Text eingedruckten Holzschnitten. Preis: 75 Pf.

Verlag von **Georg Reimer** in Berlin,
zu beziehen durch jede Buchhandlung.

DIE

CHIRURGISCHE ANATOMIE

IN IHRER BEZIEHUNG

ZUR

CHIRURGISCHEN DIAGNOSTIK, PATHOLOGIE UND THERAPIE.

EIN HANDBUCH FÜR STUDIRENDE UND ÄRZTE.

VON

PROF. DR. MAX SCHÜLLER
IN BERLIN

HEFT I. DIE OBERE EXTREMITÄT.

MIT ZAHLREICHEN HOLZSCHNITTEN.

23 BOGEN. PREIS 7 MARK.

COMPENDIUM

DER LEHRE

VON DEN

FRISCHEN TRAUMATISCHEN LUXATIONEN

FÜR STUDIRENDE UND ÄRZTE

VON

DR. STETTER,
DOCENT DER CHIRURGIE AN DER UNIVERSITÄT KÖNIGSBERG.

PREIS: 2 MARK.

Eine kurze übersichtliche Darstellung der traumatischen Luxationen in Form eines Compendiums giebt es meines Wissens bis jetzt noch nicht. Diesem Mangel sucht das vorliegende Buch von St. abzuhelfen. Dasselbe ist für Studirende und praktische Aerzte geschrieben, es soll gleichsam ein Nachschlagebuch sein, welches den Arzt befähigt, die Luxationen lege artis zu erkennen und zu behandeln. Bei der grossen praktischen Bedeutung der Luxationen ist die Abfassung eines derartig kurzen Compendium, wie das vorliegende gewiss gerechtfertigt. Ref. kann St. das Zeugniss geben, dass er seine Aufgabe in jeder Weise gut gelöst hat; St. beherrscht den Gegenstand vollkommen, überall giebt er nur das Wesentliche, was der Arzt braucht, rein historische Betrachtungen sind mit Recht vermieden. Somit kann Ref. das vorliegende Compendium von St. als durchaus zuverlässigen Rathgeber auf dem Gebiete der traumatischen Luxationen Studirenden und Aerzten nur empfehlen. Die äussere Ausstattung des Buches ist mit Rücksicht auf den Preis von 2 Mark lobenswerth. (Medic. Jahrbb. Bd. 209. Hft. 1.)

FSC
www.fsc.org
MIX
Papier | Fördert gute Waldnutzung
FSC® C083411

Kolibri 360 GmbH
Ferdinand-Jühlke-Straße 7
99095 Erfurt, Deutschland
produktsicherheit@kolibri360.de